文 科 数 学

黄志刚　陈　洋　主编

苏州大学出版社

图书在版编目(CIP)数据

文科数学 / 黄志刚,陈洋主编. -- 苏州 : 苏州大学出版社,2024.8. -- ISBN 978-7-5672-4882-3

Ⅰ.O13

中国国家版本馆 CIP 数据核字第 2024ES9545 号

书　　名 :	文科数学
主　　编 :	黄志刚　陈　洋
责任编辑 :	李　娟
装帧设计 :	吴　钰
出版发行 :	苏州大学出版社(Soochow University Press)
社　　址 :	苏州市十梓街1号　邮编:215006
印　　刷 :	苏州市深广印刷有限公司
邮购热线 :	0512-67480030
销售热线 :	0512-67481020
开　　本 :	700 mm×1 000 mm　1/16　印张:11.5　字数:206千
版　　次 :	2024年8月第1版
印　　次 :	2024年8月第1次印刷
书　　号 :	ISBN 978-7-5672-4882-3
定　　价 :	42.00元

图书若有印装错误,本社负责调换
苏州大学出版社营销部　电话:0512-67481020
苏州大学出版社网址　http://www.sudapress.com
苏州大学出版社邮箱　sdcbs@suda.edu.cn

PREFACE 前言

当今社会,信息技术和互联网飞速发展,全球化进程和代际更替加速,数学作为科学的通用语言,不仅是逻辑思维和数据分析的基石,而且是人文社会科学领域的重要工具.

为了满足大学文、史、哲等文科专业学生对数学知识的需求,帮助他们更好地理解数学在现实生活及专业研究中的价值,我们编写了这本《文科数学》教材.本书旨在系统介绍文科学生所需掌握的大学数学基础知识和方法,内容覆盖了大学数学的核心领域.从探索极限的奥秘开始,逐步引领学生领略导数的神奇、积分的深邃;矩阵与行列式将展现线性代数的独特魅力,为学生构建严谨的逻辑思维框架;而概率论与数理统计则引领学生走进充满不确定性却又有规律可循的领域.

本书通过深入浅出的讲解和丰富的实例,力求使学生能够在掌握数学基本概念和技能的同时,感受数学的魅力和价值.每章末附阅读材料,帮助学生了解相关数学家和数学文化,进一步提高他们对数学的理解能力和学习数学的兴趣.通过学习本书,文科学生将能够提升数学素养和思维能力,掌握数学在人文社会科学领域的应用,培养运用数学工具解决实际问题的能力.这些将为他们未来的学习和工作奠定坚实的基础.

本书共6章,第1章由李涛执笔,第2章由陈洋执笔,第3章由孙桂荣执笔,第4章由黄志刚执笔,第5章和第6章由李秋芳执笔,全书由黄志刚统稿,邢溯绘制了书中的相关图象.本书的编写得到了苏州科技大学数学科学学院领导和老师们的大力支持与帮助,他们的宝贵意见和建议使本书得以不断完善.在本书编写过程中,我们也参考了同行专家的有关著作和研究成果,在此向他们表示衷心的感谢.

最后,我们要感谢苏州大学出版社的大力支持,使本书能够顺利与广大读者见面.虽然书稿经过多次修改,但限于水平,书中难免存在不足之处,敬请读者批评指正.我们期待读者的宝贵意见和建议,以便在今后的修订中进一步完善和提高.

目录 CONTENTS

第1章　一元函数微分学　　1

- §1.1　极限　　1
- §1.2　极限的运算法则　　7
- §1.3　两个重要极限与等价无穷小　　10
- §1.4　函数的连续性　　14
- §1.5　导数　　16
- §1.6　函数的求导法则　　19
- §1.7　高阶导数　　21
- §1.8　微分　　22
- §1.9　洛必达法则　　26
- §1.10　最值问题　　28
- 习题1　　29
- 阅读材料　　32

第2章　一元函数积分学　　34

- §2.1　不定积分　　34
- §2.2　定积分的概念　　39
- §2.3　定积分的计算　　44
- 习题2　　50
- 阅读材料　　52

第3章　线性方程组与矩阵　　53

- §3.1　线性方程组　　53
- §3.2　矩阵及其初等变换　　59
- §3.3　矩阵的基本运算　　67
- §3.4　矩阵的逆　　74
- 习题3　　80
- 阅读材料　　82

第4章 行列式 — 83

- §4.1 行列式的概念 — 83
- §4.2 行列式的性质 — 90
- §4.3 行列式的应用 — 97
- 习题 4 — 101
- 阅读材料 — 103

第5章 概率与概率分布 — 105

- §5.1 概率论基本概念 — 106
- §5.2 随机变量及其概率分布 — 114
- §5.3 随机变量的数字特征 — 124
- 习题 5 — 128
- 阅读材料 — 130

第6章 数理统计基础 — 132

- §6.1 数理统计基本概念 — 132
- §6.2 统计推断 — 142
- §6.3 相关分析与回归分析 — 151
- 习题 6 — 160
- 阅读材料 — 163

附 表 — 165

- 表1 标准正态分布表 — 165
- 表2 标准正态分布的双侧分位数($u_{\alpha/2}$)表 — 166
- 表3 χ^2 分布的上侧分位数($\chi_\alpha^2(n)$)表 — 167
- 表4 t 分布的上侧分位数($t_\alpha(n)$)表 — 168
- 表5 F 分布的上侧分位数($F_\alpha(n_1,n_2)$)表 — 169

习题参考答案 — 173

第1章 一元函数微分学

恩格斯曾说过,初等数学,即常数数学,是在形式逻辑的范围内运作的,至少总的说来是这样;而变数数学——其中最重要的部分是微积分——本质上不外是辩证法在数学方面的运用.本章主要介绍一元函数的极限、连续、导数、微分等基本概念、性质及其计算,并讨论导数在一元函数最值计算中的应用.导数、微分以及下一章要讲的定积分等概念都是由极限来定义的,但是在微积分的发展历史中,极限理论是在微积分诞生之后才发展起来的.极限理论的完善,奠定了微积分的逻辑基础,成功化解了困扰数学家多年的第二次数学危机.因此,本章从极限概念入手讲解一元函数微分学.

§1.1 极限

人们对数学的认识很多是建立在经验、直觉的基础之上的.例如,商高发现"勾三、股四、弦五",祖冲之计算圆周率,刘徽发明割圆术,毕达哥拉斯学派发现黄金分割点等.但是仅凭经验和直觉有时会出错.如图1.1,设有一正三角形,对其各条边三等分,以每条边中间三分之一段为边向外作正三角形,再去掉生成正三角形所用的三分之一段边,则每条边可以生成四条新边,原三角形生成十二边形;再三等分十二边形的各边,用同样的方法向外作正三角形.如此无限作下去,便可生成美丽的科赫雪花.直觉告诉我们,科赫雪花的面积是有限值,那么其周长是否也是有限值呢?

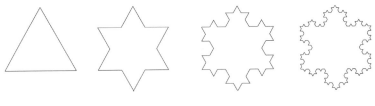

图 1.1

微积分诞生之初,其基础理论并不完善,极限理论的发展完善了其根基.我们首先来看数列极限的概念.

一、数列的极限

在中学数学中我们已经学习过,数列 $a_1, a_2, \cdots, a_n, \cdots$ 可以看作函数 $f(x)$ 当自变量 x 依次取正整数 $1, 2, 3, \cdots$ 时得到的一列函数值:
$$a_1 = f(1), a_2 = f(2), \cdots, a_n = f(n), \cdots.$$
数列中的各数称为数列的项,第 n 项 a_n 称为数列的一般项或通项,数列简记为 $\{a_n\}$.

下面举几个数列的例子.

例 1.1 $\dfrac{1}{2}, \dfrac{1}{4}, \dfrac{1}{8}, \dfrac{1}{16}, \cdots, \dfrac{1}{2^n}, \cdots.$

例 1.2 $\dfrac{1}{2}, \dfrac{2}{3}, \dfrac{3}{4}, \dfrac{4}{5}, \cdots, \dfrac{n}{n+1}, \cdots.$

例 1.3 $1, 1, 1, \cdots, 1, \cdots.$

例 1.4 $0, 1, 0, 1, \cdots, \dfrac{1+(-1)^n}{2}, \cdots.$

在理论研究与工程实践中,经常需要探索数列 $\{a_n\}$ 在 n 趋于无穷大时的变化趋势.我国战国时期的著作《庄子·天下篇》中有一句名言:一尺之棰,日取其半,万世不竭.意即一尺长的木棒,每天截取它当前长度的一半,永远也截不完.这句话蕴含着深刻的极限思想,把第 n 次截取后木棒的长度用 a_n 来表示,则 $a_n = \dfrac{1}{2^n}$,可以得到例 1.1 给出的数列.如图 1.2 所示,随着 n 的增大,a_n 无限趋近于 0,即只要 n 足够大,a_n 和 0 的距离可以任意小(可以小于任意给定的正数),我们称该数列以 0 为极限.

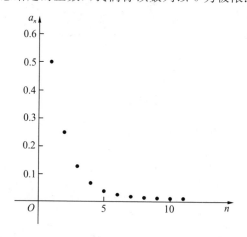

图 1.2

类似地,对于例 1.2 中给出的数列,当 n 无限增大时,其通项 $\dfrac{n}{n+1}$ 无限趋近于常数 1,则称该数列以 1 为极限;例 1.3 中给出的数列,其通项恒为 1,通项与常数 1 的距离为零(小于任意的正数),则称该数列以 1 为极限.

基于以上分析,可以给出数列极限的描述性定义.

定义 1.1 若 n 无限增大时,数列 $\{a_n\}$ 的通项 a_n 无限趋近于常数 a,即随着 n 的增大,a_n 和 a 的距离 $|a_n - a|$ 可以任意小,则称数列 $\{a_n\}$ 以 a 为极限或数列 $\{a_n\}$ 收敛到 a,记作

$$\lim_{n\to\infty} a_n = a \text{ 或 } a_n \to a (n \to \infty).$$

其中 $n \to \infty$ 表示 n 无限增大.若 $n \to \infty$ 时,$\{a_n\}$ 不以任何常数为极限,则称数列 $\{a_n\}$ 发散.

按照数列极限的定义,例 1.1、例 1.2 和例 1.3 中给出的数列都是收敛的,且有

$$\lim_{n\to\infty} \frac{1}{2^n} = 0, \lim_{n\to\infty} \frac{n}{n+1} = 1, \lim_{n\to\infty} 1 = 1.$$

例 1.4 中给出的数列的通项 $a_n = \dfrac{1+(-1)^n}{2}$,取值为 0 或 1,0 和 1 交替出现,显然该数列不趋向于任意一个常数,故该数列是发散的.

若在 $n \to \infty$ 的过程中 $|a_n|$ 无限增大,则称数列 $\{a_n\}$ 在 $n \to \infty$ 的过程中趋于无穷,记作

$$\lim_{n\to\infty} a_n = \infty.$$

例 1.5 设构造科赫雪花的初始三角形的周长为 1,等分 n 次后的周长记为 a_n,分析可知

$$a_1 = \frac{4}{3}, a_2 = \frac{4}{3} a_1 = \left(\frac{4}{3}\right)^2, \cdots, a_n = \frac{4}{3} a_{n-1} = \left(\frac{4}{3}\right)^n, \cdots,$$

于是可以得到周长数列:$\dfrac{4}{3}, \left(\dfrac{4}{3}\right)^2, \cdots, \left(\dfrac{4}{3}\right)^n, \cdots$.显然,

$$\lim_{n\to\infty} a_n = \lim_{n\to\infty} \left(\frac{4}{3}\right)^n = \infty.$$

由例 1.5 可以看到,一个面积有限的图形的周长竟然可以趋于无穷大!这个例子告诉我们,直观的感受未必总是正确的,科学、严谨的理论分析才更加可靠!

二、函数的极限

数列是定义在正整数集上的特殊的函数.撇开自变量取正整数 n 的特

殊性,可以类似地给出在自变量的某个变化过程中函数极限的定义.在讨论函数的极限之前,先给出邻域的概念.

定义 1.2 设 δ 为一个正数,称开区间 $(a-\delta,a+\delta)$ 为点 a 的 δ 邻域,记作 $U(a,\delta)$,其中 a 称为邻域的中心,δ 称为邻域的半径.

注 1.1 由邻域的定义,$U(a,\delta)=\{x\mid a-\delta<x<a+\delta\}=\{x\mid |x-a|<\delta\}$.邻域只是有限开区间的另外一种表示方法,用邻域可以突出区间的位置和大小,用起来非常方便.

注 1.2 有时我们不关心邻域半径 δ 的大小,可以把邻域简单地表示为 $U(a)$,称为点 a 的邻域或点 a 的某邻域.

注 1.3 在邻域 $U(a,\delta)$ 中去掉中心点 a 后得到的集合称为点 a 的去心 δ 邻域,记作 $\overset{\circ}{U}(a,\delta)$,即

$$\overset{\circ}{U}(a,\delta)=\{x\mid 0<|x-a|<\delta\}=(a-\delta,a)\cup(a,a+\delta).$$

为了表示方便,把开区间 $(a-\delta,a)$ 称为点 a 的左 δ 邻域,开区间 $(a,a+\delta)$ 称为点 a 的右 δ 邻域.如果不考虑邻域半径 δ 的大小,点 a 的去心邻域也可简单表示为 $\overset{\circ}{U}(a)$.

若在自变量的某个变化过程中,函数 $f(x)$ 无限接近某个常数 A,即 $|f(x)-A|$ 可以小于任意的正数,则称函数 $f(x)$ 在此变化过程中以 A 为极限,也称函数 $f(x)$ 在此变化过程中收敛到 A;若在自变量的某个变化过程中,函数 $f(x)$ 不收敛到任意常数 A,则称函数 $f(x)$ 在此变化过程中是发散的.

显然,函数的极限与自变量的变化过程密切相关.自变量的变化过程不同,函数极限的表现形式就不同.

1. 自变量趋于有限值时函数的极限

考察函数 $f(x)=\dfrac{x^2-1}{x-1}$,易知 $f(x)$ 的定义域为 $\{x\mid x\in \mathbf{R},x\neq 1\}$.自变量取 $x=1$ 附近的值,观察函数的取值情况(表 1.1),可以看到 x 的值越接近 1,$f(x)$ 的值就越接近 2.

表 1.1 函数 $f(x)$ 在 $x=1$ 附近的取值情况

x	0.99	0.999	0.999 9	1.000 1	1.001	1.01
$|x-1|$	0.01	0.001	0.000 1	0.000 1	0.001	0.01
$f(x)$	1.99	1.999	1.999 9	2.000 1	2.001	2.01

下面给出函数在自变量趋于有限值时极限的定义.

定义 1.3 设函数 $f(x)$ 在点 x_0 的某去心邻域 $\mathring{U}(x_0)$ 内有定义,如果当 x 趋于 x_0 时, $f(x)$ 无限趋近于某个常数 A, 那么称 A 为函数 $f(x)$ 在 $x \to x_0$ 时的极限,记作
$$\lim_{x \to x_0} f(x) = A \text{ 或 } f(x) \to A(x \to x_0).$$

注 1.4 函数 $f(x)$ 在 $x \to x_0$ 过程中的极限仅与 $x \to x_0$ 时 $f(x)$ 的变化趋势有关,而与 $f(x)$ 在点 x_0 处的取值情况无关,甚至 $f(x)$ 可能在点 x_0 处无定义. 例如,对于函数 $f(x) = \dfrac{x^2-1}{x-1}$,有
$$\lim_{x \to 1} f(x) = \lim_{x \to 1} \frac{x^2-1}{x-1} = 2,$$
但是 $f(x)$ 在 $x=1$ 处无定义.

设 $f(x) = A$ 为一个常数函数,则由定义 1.3 知,对 $\forall x_0 \in \mathbf{R}$,都有 $\lim\limits_{x \to x_0} f(x) = A$.

例 1.6 求极限 $\lim\limits_{x \to x_0} x$.

解 由函数 $y=x$ 的图象可知,当 x 无限接近 x_0 时, y 也无限接近 x_0,故 $\lim\limits_{x \to x_0} x = x_0$.

2. 自变量趋于无穷大时函数的极限

定义 1.4 设函数 $f(x)$ 在 $|x|$ 足够大时有定义,如果当 x 趋于 ∞ 时, $f(x)$ 无限趋近于某个常数 A, 那么称 A 为函数 $f(x)$ 在 $x \to \infty$ 时的极限,记作
$$\lim_{x \to \infty} f(x) = A \text{ 或 } f(x) \to A(x \to \infty).$$

不同于数列极限中的 $n \to \infty$(实际上是 $n \to +\infty$, 由于 n 是正整数,故一般省略"+"),函数极限中的 $x \to \infty$ 包含 $x \to +\infty$ 和 $x \to -\infty$ 两种情况. 例如,对于函数 $y = \dfrac{1}{x}, y = \mathrm{e}^x$,由函数的图象(图 1.3、图 1.4)可以看出 $\lim\limits_{x \to \infty} \dfrac{1}{x} = 0$,而函数 $y = \mathrm{e}^x$ 在 $x \to \infty$ 的过程中极限不存在.

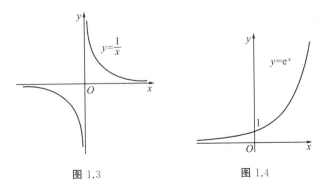

图 1.3　　　　　图 1.4

定义 1.5 设函数 $f(x)$ 在 $(a,+\infty)$ 内有定义（a 为常数），如果当 x 趋于 $+\infty$ 时，$f(x)$ 无限趋近于某个常数 A，那么称 A 为函数 $f(x)$ 当 $x \to +\infty$ 时的极限，记作

$$\lim_{x \to +\infty} f(x) = A \text{ 或 } f(x) \to A (x \to +\infty).$$

定义 1.6 设函数 $f(x)$ 在 $(-\infty,b)$ 内有定义（b 为常数），如果当 x 趋于 $-\infty$ 时，$f(x)$ 无限趋近于某个常数 B，那么称 B 为函数 $f(x)$ 当 $x \to -\infty$ 时的极限，记作

$$\lim_{x \to -\infty} f(x) = B \text{ 或 } f(x) \to B (x \to -\infty).$$

若 $\lim_{x \to +\infty} f(x) = A$ 或 $\lim_{x \to -\infty} f(x) = B$，从几何上看，当 x 或 $-x$ 充分大时，函数 $f(x)$ 的图象与直线 $y = A$ 或 $y = B$ 无限接近，故称直线 $y = A$ 或 $y = B$ 为函数 $f(x)$ 的图象的水平渐近线.

由图 1.4 可知 $\lim_{x \to -\infty} e^x = 0$，故直线 $y = 0$ 是函数 $y = e^x$ 的图象的水平渐近线.

三、无穷小与无穷大

若函数 $f(x)$ 在自变量的某个变化过程中的极限为零，则称函数 $f(x)$ 为该过程中的无穷小. 特别地，以零为极限的数列也称为 $n \to \infty$ 过程中的无穷小.

注 1.5 一个函数是否为无穷小与自变量的变化过程有关，脱离自变量的变化过程讨论函数是否为无穷小是无意义的. 例如，$\lim_{x \to 1}(x-1) = 0$，故 $x - 1$ 是 $x \to 1$ 时的无穷小，但是 $\lim_{x \to 0}(x-1) = -1$，故不能说 $x - 1$ 是 $x \to 0$ 时的无穷小.

注 1.6 不能把无穷小与绝对值很小的常数混为一谈，因为非零常数与零的距离不可能任意小. 0 是可以作为无穷小的唯一常数，因为当 $f(x) = 0$ 时，在 x 的任何变化过程中，$|f(x) - 0|$ 都可以任意小.

若在自变量的某个变化过程中 $|f(x)|$ 无限增大，则称 $f(x)$ 是该过程中的无穷大. 无穷大是极限不存在的一种特殊情况. 若 $\lim_{x \to x_0} f(x) = \infty$，则直线 $x = x_0$ 是函数 $y = f(x)$ 的图象的铅直渐近线. 例如，对于函数 $y = \dfrac{1}{x}$，由于 $\lim_{x \to 0} \dfrac{1}{x} = \infty$，故 $x = 0$ 是函数 $y = \dfrac{1}{x}$ 的图象的铅直渐近线.

关于无穷小，有下列重要的性质：

性质 1.1 两个无穷小的和是无穷小；有限个无穷小的和也是无穷小.

例如，当 $n\to\infty$ 时，$\dfrac{1}{n}$ 是无穷小，$\dfrac{1}{n}+\dfrac{1}{n}$ 也是无穷小，但是如果有 n 个 $\dfrac{1}{n}$ 相加，由于 $\underbrace{\dfrac{1}{n}+\dfrac{1}{n}+\cdots+\dfrac{1}{n}}_{n\text{项}}=1$，故在 $n\to\infty$ 的过程中，n 个 $\dfrac{1}{n}$ 的和不再是无穷小，即无限多个无穷小的和不一定是无穷小．这个例子说明了量变引起质变的哲学原理．在高等数学中，对两项成立的结论一般可以推广至有限项，但是往往不能直接推广至无限项．

性质 1.2 有限个无穷小的乘积也是无穷小．

性质 1.3 有界函数与无穷小的乘积是无穷小．特别地，常数与无穷小的乘积是无穷小．

例 1.7 求极限 $\lim\limits_{x\to\infty}\dfrac{\sin x}{x}$．

解 由于 $\lim\limits_{x\to\infty}\dfrac{1}{x}=0$，$|\sin x|\leqslant 1$，故 $\lim\limits_{x\to\infty}\dfrac{\sin x}{x}=0$．

性质 1.4 在自变量的某一变化过程中，如果 $f(x)$ 为无穷大，那么 $\dfrac{1}{f(x)}$ 为无穷小；反之，如果 $f(x)$ 为无穷小，且 $f(x)\neq 0$，那么 $\dfrac{1}{f(x)}$ 为无穷大．

§1.2 极限的运算法则

在上一节中，我们通过观察函数的图象或计算函数在一点附近的若干函数值来计算函数的极限．当函数比较复杂时，函数的图象并不容易绘制，函数值的计算也比较烦琐．本节讨论极限的计算，主要是建立极限的四则运算法则和复合函数的极限运算法则，可以利用已知的简单函数的极限来计算复杂函数的极限．

一、极限的四则运算法则

下面介绍的极限运算法则对函数的任何一种极限过程（$x\to x_0$，$x\to\infty$，$x\to+\infty$，$x\to-\infty$）都成立．为了方便表述，以 $x\to x_0$ 为例进行讨论，相关结论对其他几种情况仍然适用．

定理 1.1（极限的四则运算法则） 设 $\lim\limits_{x\to x_0}f(x)=A$，$\lim\limits_{x\to x_0}g(x)=B$，则

(1) $\lim\limits_{x\to x_0}[f(x)\pm g(x)]=A\pm B$；

(2) $\lim\limits_{x\to x_0}[f(x)\cdot g(x)]=A\cdot B$；

(3) 当 $B \neq 0$ 时,$\lim\limits_{x \to x_0} \dfrac{f(x)}{g(x)} = \dfrac{A}{B}$.

推论 1.1 若 $\lim\limits_{x \to x_0} f(x) = A$,则

(1) 对任意常数 k,$\lim\limits_{x \to x_0} [k f(x)] = kA$;

(2) 对任意正整数 m,$\lim\limits_{x \to x_0} [f(x)]^m = A^m$.

例 1.8 求极限 $\lim\limits_{x \to 2} (x^2 + 3x - 2)$.

解 $\lim\limits_{x \to 2} (x^2 + 3x - 2) = \lim\limits_{x \to 2} (x^2) + \lim\limits_{x \to 2} 3x - \lim\limits_{x \to 2} 2$
$= (\lim\limits_{x \to 2} x)^2 + 3 \lim\limits_{x \to 2} x - 2 = 2^2 + 3 \times 2 - 2 = 8.$

例 1.9 求极限 $\lim\limits_{x \to 1} \dfrac{x^2 + x - 2}{x^2 - 1}$.

分析 由于 $x \to 1$ 时,分子、分母都趋于 0,故不能直接使用商的极限运算法则.但是由于 $\dfrac{x^2 + x - 2}{x^2 - 1} = \dfrac{(x+2)(x-1)}{(x+1)(x-1)}$ 以及 $x \to 1$ 时,$x - 1 \neq 0$,约去公因式 $x - 1$,可以让分子、分母在 $x \to 1$ 的过程中极限不为 0,从而可以对化简后的极限 $\lim\limits_{x \to 1} \dfrac{x+2}{x+1}$ 使用商的极限运算法则进行计算.

解 $\lim\limits_{x \to 1} \dfrac{x^2 + x - 2}{x^2 - 1} = \lim\limits_{x \to 1} \dfrac{(x+2)(x-1)}{(x+1)(x-1)} = \lim\limits_{x \to 1} \dfrac{x+2}{x+1} = \dfrac{3}{2}.$

例 1.10 求极限 $\lim\limits_{x \to \infty} \dfrac{2x^2 + x - 2}{x^2 - 1}$.

分析 由于 $x \to \infty$ 时,分子、分母都趋于 ∞,故本题也不能直接使用商的极限运算法则.但是分子、分母同时除以 x^2 后极限都存在,这时就可以利用商的极限运算法则进行计算了.

解 $\lim\limits_{x \to \infty} \dfrac{2x^2 + x - 2}{x^2 - 1} = \lim\limits_{x \to \infty} \dfrac{2 + \dfrac{1}{x} - \dfrac{2}{x^2}}{1 - \dfrac{1}{x^2}} = \dfrac{\lim\limits_{x \to \infty} \left(2 + \dfrac{1}{x} - \dfrac{2}{x^2}\right)}{\lim\limits_{x \to \infty} \left(1 - \dfrac{1}{x^2}\right)} = \dfrac{2}{1} = 2.$

例 1.11 求极限 $\lim\limits_{x \to \infty} \dfrac{x - 2}{x^2 - 1}$.

解 $\lim\limits_{x \to \infty} \dfrac{x - 2}{x^2 - 1} = \lim\limits_{x \to \infty} \dfrac{\dfrac{1}{x} - \dfrac{2}{x^2}}{1 - \dfrac{1}{x^2}} = \dfrac{\lim\limits_{x \to \infty} \left(\dfrac{1}{x} - \dfrac{2}{x^2}\right)}{\lim\limits_{x \to \infty} \left(1 - \dfrac{1}{x^2}\right)} = \dfrac{0}{1} = 0.$

例 1.12 求极限 $\lim\limits_{x\to\infty}\dfrac{x^2-1}{x-2}$.

解 由于 $\lim\limits_{x\to\infty}\dfrac{x-2}{x^2-1}=0$,故 $\lim\limits_{x\to\infty}\dfrac{x^2-1}{x-2}=\infty$.

函数极限的四则运算法则对数列极限仍然适用.

例 1.13 求极限 $\lim\limits_{n\to\infty}\dfrac{n^3+3n+1}{2n^3+1}$.

解 $\lim\limits_{n\to\infty}\dfrac{n^3+3n+1}{2n^3+1}=\lim\limits_{n\to\infty}\dfrac{1+\dfrac{3}{n^2}+\dfrac{1}{n^3}}{2+\dfrac{1}{n^3}}=\dfrac{1}{2}$.

比较例 1.10~例 1.13 可知,在计算 $x\to\infty$(或者 $n\to\infty$)过程中有理分式函数的极限时,如果分子、分母的次数相同,那么分子、分母同除以 x 的最高次幂后,分子、分母的极限均为最高次项系数,故分式的极限为分子、分母最高次幂系数的比值;如果分子的次数低于分母的次数,那么分子、分母同除以 x 的最高次幂后,分子的极限为 0,而分母的极限为非零常数,故分式的极限为 0;如果分子的次数高于分母的次数,那么分式的极限为 ∞. 故当 $a_0b_0\neq 0$ 时,

$$\lim_{x\to\infty}\dfrac{a_0x^m+a_1x^{m-1}+\cdots+a_m}{b_0x^n+b_1x^{n-1}+\cdots+b_n}=\begin{cases}0, & m<n,\\ \dfrac{a_0}{b_0}, & m=n,\\ \infty, & m>n.\end{cases}$$

例 1.14 求极限 $\lim\limits_{n\to\infty}(\sqrt{n+1}-\sqrt{n})$.

分析 当 $n\to\infty$ 时,被减数和减数都趋于 ∞,故本题不能直接使用差的极限运算法则.利用平方差公式对分子进行有理化后可以转化为无穷大的倒数,从而可以求解.

解 $\lim\limits_{n\to\infty}(\sqrt{n+1}-\sqrt{n})=\lim\limits_{n\to\infty}\dfrac{(\sqrt{n+1}-\sqrt{n})(\sqrt{n+1}+\sqrt{n})}{\sqrt{n+1}+\sqrt{n}}$

$=\lim\limits_{n\to\infty}\dfrac{1}{\sqrt{n+1}+\sqrt{n}}=0$.

二、复合函数的极限

在求函数极限的过程中,经常会遇到求复合函数极限的问题.

定理 1.2(复合函数的极限运算法则) 设函数 $y=f[\varphi(x)]$ 由函数 $y=f(u)$ 与函数 $u=\varphi(x)$ 复合而成,且在点 x_0 的某去心邻域内有定义,

$\lim\limits_{x\to x_0}\varphi(x)=u_0$,$\lim\limits_{u\to u_0}f(u)=A$.如果存在 $\delta>0$,当 $x\in \mathring{U}(x_0,\delta)$ 时,有 $\varphi(x)\neq u_0$,那么

$$\lim_{x\to x_0}f[\varphi(x)]=\lim_{u\to u_0}f(u)=A.$$

§1.3 两个重要极限与等价无穷小

一、两个重要极限

在极限运算过程中,如果两个函数在某一变化过程中的极限都不存在,或者在作商运算时,分子、分母的极限都为零,那么不能直接使用极限的四则运算法则.这时它们的和、差、积、商的极限可能存在,也可能不存在,称为未定式.在高等数学中,有两个极限非常重要,它们常被用来计算一些特定的未定式的极限.下面分别介绍这两个重要极限,其证明过程可参考高等数学的相关教程.

我们知道 $\sin 0=0$,当 x 接近 0 时,$\sin x$ 也接近 0,那么在 $x=0$ 附近,$\sin x$ 和 x 是否很接近呢?让我们借助计算器来算一下:$\sin 0.1\approx 0.099\,8$,$\sin 0.01\approx 0.009\,999$.可以看到在 $x=0$ 附近,$\sin x$ 和 x 非常接近.进一步,在同一个坐标系中观察函数 $y=x$ 和 $y=\sin x$ 在 $x\in[-1,1]$ 时的图象,如图 1.5,可以看到两条曲线在原点附近确实几乎重合.事实上,我们有

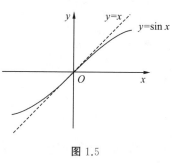

图 1.5

$$\lim_{x\to 0}\frac{\sin x}{x}=1.$$

这就是第一个重要极限.

下面从几何上进一步说明这个极限.如图 1.6,设扇形 AOB 的半径为 1,BC 为 OA 上的高,D 为过 A 点的切线与 OB 延长线的交点.设 $\overset{\frown}{AB}$ 对应的圆心角为 $x\in\left(0,\dfrac{\pi}{2}\right)$,显然 $S_{\triangle AOB}<S_{扇形 AOB}<S_{\triangle AOD}$,而 $S_{\triangle AOB}=\dfrac{1}{2}\sin x$,$S_{扇形 AOB}=\dfrac{1}{2}x$,$S_{\triangle AOD}=\dfrac{1}{2}\tan x$,故

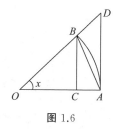

图 1.6

可得 $\sin x < x < \tan x$. 不等式各项同时除以 $\sin x$, 得到 $1 < \dfrac{x}{\sin x} < \dfrac{1}{\cos x}$. 不等式各项再取倒数, 得到 $\cos x < \dfrac{\sin x}{x} < 1$. 由于函数 $y = \dfrac{\sin x}{x}$, $y = \cos x$ 和 $y = 1$ 都是偶函数, 故对任意 $x \in \left(-\dfrac{\pi}{2}, \dfrac{\pi}{2}\right)$, 都有 $\cos x < \dfrac{\sin x}{x} < 1$. 而由余弦函数 $y = \cos x$ 的图象知 $\lim\limits_{x \to 0} \cos x = 1$, 从而

$$\lim_{x \to 0} \dfrac{\sin x}{x} = 1.$$

复利问题 假设某 12 年期国债的总收益是 100%, 那么 1 万元本金 12 年后本息合计为 2 万元. 假设国债的年化利率始终保持不变, 如果发行周期改为 6 年, 期满后自动把所得利息加入本金购买下一期国债, 那么 12 年后本息合计为 $\left(1+\dfrac{1}{2}\right)^2 = 2.25$ 万元. 类似地, 如果最低持有期为 4 年, 那么持续购买 12 年后本息合计为 $\left(1+\dfrac{1}{3}\right)^3 \approx 2.37$ 万元……这就是所谓的复利问题, 即我们所熟知的"利滚利". 显然, 如果发行周期变为原来的 $\dfrac{1}{n}$, 那么持续购买 12 年后本息合计为 $\left(1+\dfrac{1}{n}\right)^n$. 表 1-2 列举了在年化利率不变的情况下, 1 万元本金在发行周期分别为 12 年、6 年、4 年、3 年、2.4 年和 2 年时的总收益. 可以看到, n 越大, 即最低持有期越短, 总收益越大.

表 1.2 $\left(1+\dfrac{1}{n}\right)^n$ 随 n 的变化情况

n	1	2	3	4	5	6
$\left(1+\dfrac{1}{n}\right)^n$	2	2.250	2.370	2.441	2.488	2.522

那么 $\left(1+\dfrac{1}{n}\right)^n$ 的值是不是可以无限增大呢? 仔细观察表 1.2 会发现, 虽然 $\left(1+\dfrac{1}{n}\right)^n$ 的值关于 n 是单调递增的, 但是其增速在逐渐减小, 故随着 n 的增大, $\left(1+\dfrac{1}{n}\right)^n$ 可能趋向于有限值. 历史上, 数学家们早就考虑过这个问题. 1683 年, 瑞士著名数学家雅各布·伯努利在研究复利问题时发现无论 n 取多大, $\left(1+\dfrac{1}{n}\right)^n$ 都不会超过 3. 后来, 瑞士的另一位杰出数学家欧拉

利用无穷级数首次算出它的小数点后 18 位的近似值,证明了它是一个无理数,并正式给它取名为 e,这就是我们熟悉的无理数 e 的由来. 于是我们得到第二个重要极限的数列形式

$$\lim_{n\to\infty}\left(1+\frac{1}{n}\right)^n=\mathrm{e}.$$

把自然数 n 推广到一般的实数 x,就是第二个重要极限的函数形式

$$\lim_{x\to\infty}\left(1+\frac{1}{x}\right)^x=\mathrm{e}.$$

注 1.7 在第二个重要极限中,令 $t=\dfrac{1}{x}$,则 $x\to\infty \Leftrightarrow t\to 0$,故第二个重要极限有如下常用的等价形式

$$\lim_{t\to 0}(1+t)^{\frac{1}{t}}=\mathrm{e},\text{即}\lim_{x\to 0}(1+x)^{\frac{1}{x}}=\mathrm{e}.$$

下面给出两个重要极限在求极限中的应用.

例 1.15 求极限 $\lim\limits_{x\to 0}\dfrac{\tan x}{x}$.

解 $\lim\limits_{x\to 0}\dfrac{\tan x}{x}=\lim\limits_{x\to 0}\dfrac{\sin x}{x}\cdot\dfrac{1}{\cos x}=\lim\limits_{x\to 0}\dfrac{\sin x}{x}\cdot\lim\limits_{x\to 0}\dfrac{1}{\cos x}=1\times 1=1.$

例 1.16 求极限 $\lim\limits_{x\to 0}\dfrac{1-\cos x}{x^2}$.

解 $\lim\limits_{x\to 0}\dfrac{1-\cos x}{x^2}=\lim\limits_{x\to 0}\dfrac{2\sin^2\dfrac{x}{2}}{x^2}=\lim\limits_{x\to 0}\dfrac{2\sin^2\dfrac{x}{2}}{2^2\left(\dfrac{x}{2}\right)^2}=\dfrac{1}{2}\lim\limits_{x\to 0}\left(\dfrac{\sin\dfrac{x}{2}}{\dfrac{x}{2}}\right)^2=\dfrac{1}{2}.$

例 1.17 求极限 $\lim\limits_{x\to\infty}\left(1-\dfrac{1}{x}\right)^x$.

解 $\lim\limits_{x\to\infty}\left(1-\dfrac{1}{x}\right)^x=\lim\limits_{x\to\infty}\left[\left(1+\dfrac{1}{-x}\right)^{-x}\right]^{-1}=\mathrm{e}^{-1}.$

例 1.18 求极限 $\lim\limits_{x\to\infty}\left(\dfrac{3+x}{1+x}\right)^{4x}$.

解 $\lim\limits_{x\to\infty}\left(\dfrac{3+x}{1+x}\right)^{4x}=\lim\limits_{x\to\infty}\left(\dfrac{1+\dfrac{3}{x}}{1+\dfrac{1}{x}}\right)^{4x}=\lim\limits_{x\to\infty}\dfrac{\left(1+\dfrac{1}{\frac{x}{3}}\right)^{\frac{x}{3}\cdot 12}}{\left(1+\dfrac{1}{x}\right)^{x\cdot 4}}$

$=\dfrac{\mathrm{e}^{12}}{\mathrm{e}^4}=\mathrm{e}^8.$

二、等价无穷小

通过前面的学习我们知道,两个无穷小的和、差、积仍为无穷小,但是两个无穷小的商是未定式.例如,当 $x \to 0$ 时,$2\tan x$,$\sin x$,x^2,$\sqrt{x}$ 都是无穷小,但是

$$\lim_{x \to 0}\frac{2\tan x}{x}=2, \lim_{x \to 0}\frac{\sin x}{x}=1, \lim_{x \to 0}\frac{x^2}{x}=0, \lim_{x \to 0}\frac{\sqrt{x}}{x}=\lim_{x \to 0}\frac{1}{\sqrt{x}}=\infty.$$

说明不同的无穷小趋于 0 的"快慢"可能不同.为了衡量不同的无穷小趋于 0 的速度,给出下面的定义 1.7.为了表述方便,下面的定义和定理均以 $x \to x_0$ 为例进行讨论,对其他极限过程可以类似地得出同样的结论.限于篇幅,在此不再赘述.

定义 1.7 设 α,β 是 $x \to x_0$ 过程中的两个无穷小,且 $\lim\limits_{x \to x_0}\dfrac{\alpha}{\beta}=k$,则

(1) 若 $k=0$,则称 α 是比 β 高阶的无穷小,记作 $\alpha=o(\beta)(x \to x_0)$.

(2) 若 $k=\infty$,则称 α 是比 β 低阶的无穷小.

(3) 若 $k \neq 0, k \neq \infty$,则称 α 是与 β 同阶的无穷小.特别地,若 $k=1$,则称 α 是 β 的等价无穷小,记作 $\alpha \sim \beta (x \to x_0)$.

在前面给出的例子中,当 $x \to 0$ 时,$2\tan x$ 是 x 的同阶无穷小,$\sin x$ 是 x 的等价无穷小,记作 $\sin x \sim x (x \to 0)$,x^2 是 x 的高阶无穷小,记作 $x^2 = o(x)(x \to 0)$,$\sqrt{x}$ 是 x 的低阶无穷小.

例 1.19 证明:当 $x \to 0$ 时,$\sqrt[n]{1+x}-1 \sim \dfrac{1}{n}x$.

证 由于

$$\lim_{x \to 0}\frac{\sqrt[n]{1+x}-1}{\frac{1}{n}x}=n\lim_{x \to 0}\frac{(\sqrt[n]{1+x}-1)[\sqrt[n]{(1+x)^{n-1}}+\sqrt[n]{(1+x)^{n-2}}+\cdots+1]}{x[\sqrt[n]{(1+x)^{n-1}}+\sqrt[n]{(1+x)^{n-2}}+\cdots+1]}$$

$$=n\lim_{x \to 0}\frac{1}{\sqrt[n]{(1+x)^{n-1}}+\sqrt[n]{(1+x)^{n-2}}+\cdots+1}=1,$$

故 $\sqrt[n]{1+x}-1 \sim \dfrac{1}{n}x (x \to 0)$.

注 1.8 上面的求解过程中用到公式

$$a^n - b^n = (a-b)(a^{n-1}+a^{n-2}b+\cdots+ab^{n-2}+b^{n-1}).$$

定理 1.3(等价无穷小代换定理) 设在 $x \to x_0$ 过程中,$\alpha \sim \tilde{\alpha}, \beta \sim \tilde{\beta}$.若 $\lim\limits_{x \to x_0}\dfrac{\tilde{\beta}}{\tilde{\alpha}}$ 存在,则

$$\lim_{x\to x_0}\frac{\beta}{\alpha}=\lim_{x\to x_0}\frac{\widetilde{\beta}}{\widetilde{\alpha}}.$$

证 $\lim\limits_{x\to x_0}\dfrac{\beta}{\alpha}=\lim\limits_{x\to x_0}\dfrac{\beta}{\widetilde{\beta}}\cdot\dfrac{\widetilde{\beta}}{\widetilde{\alpha}}\cdot\dfrac{\widetilde{\alpha}}{\alpha}=\lim\limits_{x\to x_0}\dfrac{\beta}{\widetilde{\beta}}\cdot\lim\limits_{x\to x_0}\dfrac{\widetilde{\beta}}{\widetilde{\alpha}}\cdot\lim\limits_{x\to x_0}\dfrac{\widetilde{\alpha}}{\alpha}=\lim\limits_{x\to x_0}\dfrac{\widetilde{\beta}}{\widetilde{\alpha}}.$

等价无穷小代换定理在极限计算中有非常重要的作用,通过适当的代换,可以简化计算.因此,积累一些常见的等价无穷小对极限计算大有裨益.例如,由第一个重要极限及例 1.15、例 1.16、例 1.19 可知,在 $x\to 0$ 的过程中,

$$\sin x\sim x,\tan x\sim x,1-\cos x\sim\frac{x^2}{2},\sqrt[n]{1+x}-1\sim\frac{x}{n}.$$

例 1.20 求极限 $\lim\limits_{x\to 0}\dfrac{\tan 3x}{\sin 4x}$.

解 当 $x\to 0$ 时,$\tan 3x\sim 3x$,$\sin 4x\sim 4x$,故 $\lim\limits_{x\to 0}\dfrac{\tan 3x}{\sin 4x}=\lim\limits_{x\to 0}\dfrac{3x}{4x}=\dfrac{3}{4}$.

例 1.21 求极限 $\lim\limits_{x\to 0}\dfrac{\tan^2 x}{\sin(2x^2)}$.

解 由于 $\tan^2 x\sim x^2$,$\sin(2x^2)\sim 2x^2(x\to 0)$,从而

$$\lim_{x\to 0}\frac{\tan^2 x}{\sin(2x^2)}=\lim_{x\to 0}\frac{x^2}{2x^2}=\frac{1}{2}.$$

例 1.22 求极限 $\lim\limits_{x\to 0}\dfrac{\sqrt[4]{1+x^2}-1}{\cos x-1}$.

解 由于 $x\to 0$ 时,$\sqrt[4]{1+x^2}-1\sim\dfrac{x^2}{4}$,$\cos x-1\sim -\dfrac{x^2}{2}$,故

$$\lim_{x\to 0}\frac{\sqrt[4]{1+x^2}-1}{\cos x-1}=\lim_{x\to 0}\frac{\dfrac{x^2}{4}}{-\dfrac{x^2}{2}}=-\frac{1}{2}.$$

§1.4 函数的连续性

客观世界中的很多事物或现象都是运动的,而且运动的过程是连续的,如岁月的流逝、运动的行程、草木的生长、气温的变化等.这些现象反映在函数关系上就是函数的连续性,这类函数的图象是一条连绵不断的曲线.连续函数是高等数学的主要研究对象,高等数学中许多重要的概念、性质和定理都要求相关函数具有连续性.

一、函数的连续性

首先从微观的角度给出函数在一点处连续的概念.如图 1.7,考虑函数 $f(x)$ 在点 x_0 处与点 x_0 附近一点 $x_0+\Delta x$ 处的改变量 $\Delta y=f(x_0+\Delta x)-f(x_0)$.显然,当函数 $f(x)$ 的图象在点 x_0 处不断开时,Δy 随着 Δx 趋于零而趋于零.

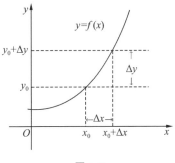

图 1.7

定义 1.8 设函数 $f(x)$ 在点 x_0 的某邻域内有定义,$\Delta y=f(x_0+\Delta x)-f(x_0)$.若 $\lim\limits_{\Delta x \to 0}\Delta y=0$,则称函数 $f(x)$ 在点 x_0 处连续.

记 $x=x_0+\Delta x$,则 $\Delta x \to 0$ 等价于 $x \to x_0$,$\Delta y \to 0$ 等价于 $f(x) \to f(x_0)$,可以给出函数 $f(x)$ 在点 x_0 处连续的等价定义.

定义 1.8′ 设函数 $f(x)$ 在点 x_0 的某邻域内有定义,若 $\lim\limits_{x \to x_0}f(x)=f(x_0)$,则称函数 $f(x)$ 在点 x_0 处连续.

若函数 $f(x)$ 在点 x_0 处连续,则称 x_0 为函数 $f(x)$ 的一个连续点;否则,称 x_0 为函数 $f(x)$ 的一个间断点.例如,函数 $f(x)=\dfrac{x^2-1}{x-1}$ 在 $x=1$ 处无定义,虽然 $\lim\limits_{x \to 1}\dfrac{x^2-1}{x-1}=2$,但 $x=1$ 是 $f(x)$ 的间断点;又如,对函数 $g(x)=\dfrac{1}{x}$,因为 $\lim\limits_{x \to 0}\dfrac{1}{x}=\infty$,所以 $x=0$ 是 $g(x)$ 的间断点;再如,对函数 $h(x)=\begin{cases}\sin\dfrac{1}{x}, & x\neq 0,\\ 0, & x=0,\end{cases}$ $h(x)$ 虽然在 $x=0$ 处有定义,但是当 $x\to 0$ 时,$\sin\dfrac{1}{x}$ 在 -1 与 1 之间振荡,故 $x=0$ 是 $h(x)$ 的间断点.

二、连续函数的运算

由于函数在一点处的连续性是用极限来定义的,故可以由极限的运算法则推出连续函数的运算性质.

定理 1.4 如果函数 $f(x),g(x)$ 在点 x_0 处连续,那么 $f(x)\pm g(x)$,$f(x)\cdot g(x)$,$\dfrac{f(x)}{g(x)}(g(x_0)\neq 0)$ 在点 x_0 处也连续.

定理 1.5 设函数 $y=f[g(x)]$ 由函数 $y=f(u)$ 与函数 $u=g(x)$ 复

合而成,若 $u=g(x)$ 在点 x_0 处连续且 $g(x_0)=u_0$,$y=f(u)$ 在点 u_0 处连续,则复合函数 $y=f[g(x)]$ 在点 x_0 处也连续.

注 1.9 对于定理 1.5 中的连续的复合函数 $y=f[g(x)]$ 而言,极限符号与连续符号可以交换顺序,即 $\lim\limits_{x \to x_0} f[g(x)] = f[\lim\limits_{x \to x_0} g(x)]$.

注 1.10 设 $\lim\limits_{x \to x_0} u(x) = a > 0$,$\lim\limits_{x \to x_0} v(x) = b$,则 $\lim\limits_{x \to x_0} u(x)^{v(x)} = a^b$.

例 1.23 求极限 $\lim\limits_{x \to 0} \dfrac{\ln(1+x)}{x}$.

解 $\lim\limits_{x \to 0} \dfrac{\ln(1+x)}{x} = \lim \ln(1+x)^{\frac{1}{x}} = \ln \lim (1+x)^{\frac{1}{x}} = \ln e = 1$.

例 1.24 求极限 $\lim\limits_{x \to 0} \dfrac{e^x - 1}{x}$.

解 令 $t = e^x - 1$,则 $x = \ln(1+t)$,且 $t \to 0 \Leftrightarrow x \to 0$.由例 1.23,有

$$\lim_{x \to 0} \frac{e^x - 1}{x} = \lim_{t \to 0} \frac{t}{\ln(1+t)} = \frac{1}{\lim\limits_{t \to 0} \dfrac{\ln(1+t)}{t}} = 1.$$

由例 1.24 可得当 $x \to 0$ 时,$e^x - 1 \sim x$.这是一个常用的等价无穷小.

中学里学习的幂函数 $y = x^\mu (\mu \in \mathbf{R})$,指数函数 $y = a^x (a > 0, a \neq 1)$,对数函数 $y = \log_a x (a > 0, a \neq 1)$ 及三角函数 $y = \sin x$,$y = \cos x$,$y = \tan x$ 等都称为基本初等函数.基本初等函数都是各自定义域上的连续函数.初等函数是基本初等函数经过有限次四则运算或复合运算得到的,初等函数在其定义区间上都是连续的.

§1.5 导数

在自然科学、社会科学和工程技术中,经常要研究变量之间的变化规律,其中包括一个变量相对另一个变量的变化快慢问题,即变化率问题.例如,火箭的运行速度,某段时间某地区的人口增长速度,植物的生长快慢等.把这些问题抽象为数学问题,都可以用导数来刻画.

一、引例

1. 变速直线运动的瞬时速度

设某质点做变速直线运动,其在该直线上行驶的路程关于时间的函数为 $s = s(t)$,欲求其在某时刻 t_0 的瞬时速度 $v(t_0)$.传统的初等数学方法难以解答,可以采用极限的思想来考虑:先求该质点从时刻 t_0 到 $t = t_0 + \Delta t$ 的平均速度 $\bar{v}(t_0) = \dfrac{s(t_0 + \Delta t) - s(t_0)}{\Delta t}$,然后求 $\Delta t \to 0$ 时的极限.如果极限

存在,那么该极限值即为 t_0 时刻该质点的瞬时速度,即
$$v(t_0)=\lim_{\Delta t\to 0}\frac{\Delta s}{\Delta t}=\lim_{\Delta t\to 0}\frac{s(t_0+\Delta t)-s(t_0)}{\Delta t}.$$

2. 平面曲线的切线

1629 年,法国著名数学家费马提出了切线的定义:过曲线 L 上一点 P_0 的切线是所有过定点 P_0 和曲线 L 上另一动点 P 的割线,当 P 沿着曲线 L 趋向于 P_0 时的极限位置.显然,由平面解析几何知识可知,在已知切线经过定点 P_0 的条件下,只要知道切线的斜率便可求出切线方程.

如图 1.8,设函数 $y=f(x)$ 的图象上点 P_0 的坐标为 (x_0,y_0),点 P 的坐标为 (x,y),这里 $y_0=f(x_0)$,$x=x_0+\Delta x$,$y=f(x_0+\Delta x)$.记 $\Delta y=y-y_0$,则割线 P_0P 的斜率为

$$k=\frac{\Delta y}{\Delta x}=\frac{y-y_0}{x-x_0}=\frac{f(x_0+\Delta x)-f(x_0)}{\Delta x}.$$

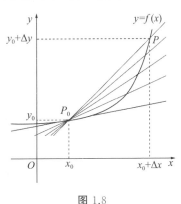

图 1.8

由切线的定义,过点 P_0 的切线的斜率为
$$k_0=\lim_{\Delta x\to 0}\frac{\Delta y}{\Delta x}=\lim_{\Delta x\to 0}\frac{f(x_0+\Delta x)-f(x_0)}{\Delta x}.$$

二、导数的定义

上面给出的两个引例,一个是运动学问题,一个是几何学问题,虽然问题的背景不同,但是在数学本质上,这两个问题是一致的,都是函数增量与自变量增量比值的极限.事实上,在自然科学、社会科学和工程技术等领域中,还有很多类似的问题,数学家们对这类问题加以抽象,提出了导数的概念.

定义 1.9 设函数 $y=f(x)$ 在点 x_0 的某个邻域内有定义,当自变量 x 在点 x_0 处取得增量 Δx 时,记函数的增量为 $\Delta y=f(x_0+\Delta x)-f(x_0)$.如果 Δy 与 Δx 之比当 $\Delta x\to 0$ 时的极限存在,那么称函数 $y=f(x)$ 在点 x_0 处可导,并称这个极限为函数 $y=f(x)$ 在点 x_0 处的导数,记为 $f'(x_0)$,$y'|_{x=x_0}$,$\dfrac{\mathrm{d}y}{\mathrm{d}x}\Big|_{x=x_0}$ 或 $\dfrac{\mathrm{d}f(x)}{\mathrm{d}x}\Big|_{x=x_0}$,即

$$f'(x_0)=y'|_{x_0}=\lim_{\Delta x\to 0}\frac{\Delta y}{\Delta x}=\lim_{\Delta x\to 0}\frac{f(x_0+\Delta x)-f(x_0)}{\Delta x}.$$

注 1.11 导数定义的极限表达式也可以写成
$$f'(x_0)=\lim_{h\to 0}\frac{f(x_0+h)-f(x_0)}{h}.$$

或
$$f'(x_0) = \lim_{x \to x_0} \frac{f(x) - f(x_0)}{x - x_0}.$$

注 1.12 导数具有明显的几何意义：函数 $y = f(x)$ 在 x_0 处的导数是其图象上对应点 $(x_0, f(x_0))$ 处的切线的斜率，故在第二个引例中，切线的斜率 $k_0 = f'(x_0)$. 事实上，很多与变化率有关的量都可以看作函数在一点处的导数，如在第一个引例中，$v(t_0) = s'(t_0)$.

注 1.13 在导数定义中，如果极限 $\lim_{\Delta x \to 0} \frac{\Delta y}{\Delta x}$ 不存在，那么称函数 $y = f(x)$ 在点 x_0 处不可导. 函数在不可导点对应的图象没有切线，故图象往往有"尖锐"特征. 例如，函数 $y = |x|$ 在 $x = 0$ 处不可导，函数图象在原点处是"尖"的.

若函数 $y = f(x)$ 在开区间 I 内的每一点都可导，则称函数 $f(x)$ 在开区间 I 内可导. 这时，对于任意 $x \in I$，都有 $f(x)$ 的导数与之对应，这样就可以定义一个新的函数，这个函数称为原来函数 $f(x)$ 的导函数，简称导数，记作 $f'(x), y', \frac{dy}{dx}$ 或 $\frac{df(x)}{dx}$.

有了导函数的定义，可导函数 $f(x)$ 在点 x_0 处的导数 $f'(x_0)$ 也可以看作导函数 $f'(x)$ 在 $x = x_0$ 处的值，即
$$f'(x_0) = f'(x)|_{x = x_0}.$$

函数在任意一点的导数的极限定义可以表示为
$$f'(x) = \lim_{\Delta x \to 0} \frac{f(x + \Delta x) - f(x)}{\Delta x}$$

或
$$f'(x) = \lim_{h \to 0} \frac{f(x + h) - f(x)}{h}.$$

利用导数的定义，可以计算一些简单的初等函数的导数.

例 1.25 求常数函数 $f(x) = C$ 的导数.

解 $f'(x) = \lim_{h \to 0} \frac{f(x+h) - f(x)}{h} = \lim_{h \to 0} \frac{C - C}{h} = 0$，即
$$C' = 0.$$

例 1.26 求幂函数 $f(x) = x^n$ 的导数，其中 n 为正整数.

解 $f'(x) = \lim_{h \to 0} \frac{f(x+h) - f(x)}{h} = \lim_{h \to 0} \frac{(x+h)^n - x^n}{h}$
$= \lim_{h \to 0} [(x+h)^{n-1} + (x+h)^{n-2} x + \cdots + (x+h) x^{n-2} + x^{n-1}]$
$= n x^{n-1},$

即
$$(x^n)' = nx^{n-1}.$$

例 1.27 求指数函数 $f(x) = e^x$ 的导数.

解 $f'(x) = \lim\limits_{h \to 0} \dfrac{f(x+h) - f(x)}{h} = \lim\limits_{h \to 0} \dfrac{e^{x+h} - e^x}{h} = e^x \lim\limits_{h \to 0} \dfrac{e^h - 1}{h} = e^x,$

即
$$(e^x)' = e^x.$$

例 1.28 求对数函数 $f(x) = \ln x$ 的导数.

解 $f'(x) = \lim\limits_{h \to 0} \dfrac{f(x+h) - f(x)}{h} = \lim\limits_{h \to 0} \dfrac{\ln(x+h) - \ln x}{h}$

$= \lim\limits_{h \to 0} \ln\left(1 + \dfrac{h}{x}\right)^{\frac{1}{h}} = \lim\limits_{h \to 0} \ln\left(1 + \dfrac{h}{x}\right)^{\frac{x}{h} \cdot \frac{1}{x}}$

$= \dfrac{1}{x} \ln \lim\limits_{h \to 0}\left(1 + \dfrac{h}{x}\right)^{\frac{x}{h}} = \dfrac{1}{x} \ln e = \dfrac{1}{x},$

即
$$(\ln x)' = \dfrac{1}{x}.$$

例 1.29 求正弦函数 $f(x) = \sin x$ 的导数.

解 利用正弦函数的和差化积公式,可得

$f'(x) = \lim\limits_{h \to 0} \dfrac{\sin(x+h) - \sin x}{h} = \lim\limits_{h \to 0} \dfrac{2\cos\left(x + \dfrac{h}{2}\right)\sin\dfrac{h}{2}}{h}$

$= \lim\limits_{h \to 0} \dfrac{\sin\dfrac{h}{2}}{\dfrac{h}{2}} \cdot \lim\limits_{h \to 0} \cos\left(x + \dfrac{h}{2}\right) = \cos x,$

即
$$(\sin x)' = \cos x.$$

同理可以推出余弦函数的导数公式:$(\cos x)' = -\sin x.$

§1.6 函数的求导法则

由导数的定义可知其本质是函数的极限,但是用定义求导数往往比较烦琐,能否找到简单可行的方法求函数的导数呢? 实际上,从微积分诞生之日起,牛顿、莱布尼茨等数学家就在探索该问题,特别是莱布尼茨,在寻求求导数的一般解决思路方面做了大量的、卓越的工作.现在所用的导数符号及求导法则,大多数是由他给出的.上一节由导数的定义推导出了一些常见的基本初等函数的求导公式,下面给出函数的求导法则,利用这些

求导法则可以不用求极限,直接计算初等函数的导数.

一、函数和、差、积、商的求导法则

定理 1.6 设函数 $u(x),v(x)$ 均在点 x 处可导,则其和、差、积、商在点 x 处也可导(分母为零的点除外),且

(1) $[u(x)\pm v(x)]'=u'(x)\pm v'(x)$;

(2) $[u(x)v(x)]'=u'(x)v(x)+u(x)v'(x)$;

(3) $\left[\dfrac{u(x)}{v(x)}\right]'=\dfrac{u'(x)v(x)-u(x)v'(x)}{v^2(x)}$, $v(x)\neq 0$.

例 1.30 设 $y=\sin x+\cos x+x^3+1$,求 y'.

解 $y'=(\sin x+\cos x+x^3+1)'=(\sin x)'+(\cos x)'+(x^3)'+(1)'$
$=\cos x-\sin x+3x^2$.

例 1.31 设 $y=x^2 e^x$,求 y'.

解 $y'=(x^2 e^x)'=(x^2)' e^x+x^2(e^x)'=2x e^x+x^2 e^x=(2+x)x e^x$.

例 1.32 设 $y=\tan x$,求 y'.

解 $y'=(\tan x)'=\left(\dfrac{\sin x}{\cos x}\right)'=\dfrac{(\sin x)'\cos x-\sin x(\cos x)'}{\cos^2 x}$
$=\dfrac{\cos^2 x+\sin^2 x}{\cos^2 x}=\dfrac{1}{\cos^2 x}$,

即 $(\tan x)'=\dfrac{1}{\cos^2 x}$.

例 1.33 设 $y=\log_a x (a>0, a\neq 1)$,求 y'.

解 由对数函数的换底公式有 $\log_a x=\dfrac{\ln x}{\ln a}$,故

$$y'=\left(\dfrac{\ln x}{\ln a}\right)'=\dfrac{1}{\ln a}(\ln x)'=\dfrac{1}{x\ln a},$$

即 $(\log_a x)'=\dfrac{1}{x\ln a}$.

特别地, $(\ln x)'=\dfrac{1}{x}$.

二、复合函数的求导法则

定理 1.7 如果 $u=g(x)$ 在点 x 处可导,$y=f(u)$ 在点 $u=g(x)$ 处可导,那么复合函数 $y=f[g(x)]$ 在点 x 处可导,且其导数为

$$\dfrac{dy}{dx}=\dfrac{dy}{du}\cdot\dfrac{du}{dx} \text{ 或 } \dfrac{dy}{dx}=f'(u)\cdot g'(x)=f'[g(x)]\cdot g'(x).$$

例 1.34 设 $y = e^{\sin x}$，求 $\dfrac{dy}{dx}$.

解 令 $u = \sin x$，则 $y = e^u$，$\dfrac{dy}{dx} = \dfrac{dy}{du} \cdot \dfrac{du}{dx} = e^u \cdot \cos x = \cos x \, e^{\sin x}$.

例 1.35 设 $y = \tan \sqrt{x}$，求 $\dfrac{dy}{dx}$.

解 令 $u = \sqrt{x}$，则 $y = \tan u$，
$$\dfrac{dy}{dx} = \dfrac{dy}{du} \cdot \dfrac{du}{dx} = \dfrac{1}{\cos^2 u} \cdot \dfrac{1}{2\sqrt{x}} = \dfrac{1}{2\sqrt{x} \cos^2 \sqrt{x}}.$$

例 1.36 证明幂函数的导数公式：$(x^\mu)' = \mu x^{\mu-1}$，其中 $x > 0, \mu \in \mathbf{R}$.

证 因为 $x^\mu = e^{\mu \ln x}$，故 $(x^\mu)' = (e^{\mu \ln x})' = e^{\mu \ln x} (\mu \ln x)' = x^\mu \cdot \dfrac{\mu}{x} = \mu x^{\mu-1}$，即
$$(x^\mu)' = \mu x^{\mu-1}.$$

例 1.37 设 $y = a^x \, (a > 0, a \neq 1)$，求 $\dfrac{dy}{dx}$.

解 因为 $a^x = e^{x \ln a}$，故 $(a^x)' = (e^{x \ln a})' = e^{x \ln a} \ln a = a^x \ln a$，即
$$(a^x)' = a^x \ln a.$$

三、导数公式

至此，几个常见的基本初等函数的导数公式已经推导出来，现归纳如下：

(1) $(C)' = 0$;

(2) $(x^\mu)' = \mu x^{\mu-1}, \mu \in \mathbf{R}$;

(3) $(a^x)' = a^x \ln a \, (a > 0, a \neq 1)$;

(4) $(e^x)' = e^x$;

(5) $(\log_a x)' = \dfrac{1}{x \ln a} \, (a > 0, a \neq 1)$;

(6) $(\ln x)' = \dfrac{1}{x}$;

(7) $(\sin x)' = \cos x$;

(8) $(\cos x)' = -\sin x$;

(9) $(\tan x)' = \dfrac{1}{\cos^2 x}$.

§1.7 高阶导数

一般而言，函数 $y = f(x)$ 的导函数 $y' = f'(x)$ 仍是 x 的函数. 如果 $f'(x)$ 仍然可导，我们称 $f'(x)$ 的导数为函数 $y = f(x)$ 的**二阶导函数**，记作 y'' 或者 $f''(x)$ 或者 $\dfrac{d^2 y}{dx^2}$，即

$$y'' = (y')', \quad f''(x) = [f'(x)]' \quad \text{或} \quad \frac{d^2 y}{dx^2} = \frac{d}{dx}\left(\frac{dy}{dx}\right).$$

类似地,二阶导数的导数叫作三阶导数,三阶导数的导数叫作四阶导数……$n-1$ 阶导数的导数叫作 n 阶导数,分别记作 y''', $y^{(4)}$, $\cdots$, $y^{(n)}$, 或者 $f'''(x)$, $f^{(4)}(x)$, $\cdots$, $f^{(n)}(x)$, 或者 $\frac{d^3 y}{dx^3}$, $\frac{d^4 y}{dx^4}$, $\cdots$, $\frac{d^n y}{dx^n}$.

注 1.14 二阶及以上的导数统称为高阶导数.有时为了表述方便,函数 $y=f(x)$ 及其导函数 $y'=f'(x)$ 也分别称为零阶导数和一阶导数.

注 1.15 高阶导数的表示形式 $\frac{d^n y}{dx^n}$ 是一个整体符号,不能当成分式拆开来理解.

注 1.16 二阶导数的符号 $\frac{d}{dx}\left(\frac{dy}{dx}\right)$ 实际上是 $\frac{d\left(\frac{dy}{dx}\right)}{dx}$,表示 $\frac{dy}{dx}$ 对 x 再求导.为了避免头重脚轻,书写时把 $\frac{dy}{dx}$ 放在右边.

在变速直线运动问题中,速度 $v(t)$ 是路程函数 $s(t)$ 对时间 t 的导数 $s'(t)$,而加速度 $a(t)$ 是速度 $v(t)$ 对时间 t 的导数 $v'(t)$,故加速度 $a(t)$ 是函数 $s(t)$ 对时间 t 的二阶导数 $s''(t)$.

例 1.38 设 $y = ax + b$, 求 y''.

解 $y' = a$, $y'' = 0$.

例 1.39 设 $y = \sin wx$, 求 y''.

解 $y' = w\cos wx$, $y'' = -w^2 \sin wx$.

例 1.40 设 $y = e^{ax}$, 求 $y^{(n)}$.

解 $y' = a e^{ax}$, $y'' = a^2 e^{ax}$, $\cdots$, $y^{(n)} = a^n e^{ax}$.

例 1.41 设 $y = \frac{1}{x}$, 求 $y^{(n)}$.

解 $y' = -x^{-2}$, $y'' = 2! x^{-3}$, $y''' = -3! x^{-4}$, $\cdots$, $y^{(n)} = (-1)^n n! x^{-(n+1)}$.

§1.8 微分

导数反映的是函数在一点处的变化率.有时我们关心的是函数在自变量发生微小变化时的变化量,即函数增量.下面介绍的微分的概念和函数增量有着密切的联系.

一、微分的概念

首先考察下面一个例子.

例 1.42 一个边长为 x_0 的匀质正方形金属薄片受到温度变化的影响,边长的变化量为 Δx,问面积的改变量是多少?

解 若正方形金属薄片的边长为 x,面积为 S,则 $S=x^2$. 正方形金属薄片的边长由 x_0 变化到 $x_0+\Delta x$ 时,面积的改变量

$$\Delta S=(x_0+\Delta x)^2-x_0^2=2x_0\Delta x+(\Delta x)^2.$$

如图 1.9,显然,当 $\Delta x \to 0$ 时,右上角小正方形的面积 $(\Delta x)^2$ 是 Δx 的高阶无穷小,ΔS 主要由两个小长方形的面积,即 $2x_0\Delta x$ 决定,故当 $|\Delta x|$ 很小时,$\Delta S \approx 2x_0\Delta x$. 下面给出微分的定义.

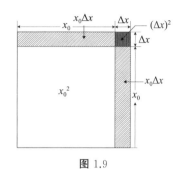

图 1.9

定义 1.10 设函数 $y=f(x)$ 在点 x_0 的某邻域 $U(x_0,\delta)$ 内有定义,对自变量 x 的增量 Δx,有 $x_0+\Delta x \in U(x_0,\delta)$. 若函数的增量 $\Delta y = f(x_0+\Delta x)-f(x_0)$ 可表示为

$$\Delta y = A\Delta x + o(\Delta x),$$

其中 A 是与 Δx 无关的量,$o(\Delta x)$ 是比 Δx 高阶的无穷小,则称函数 $y=f(x)$ 在点 x_0 处可微,称 $A\Delta x$ 为函数 $y=f(x)$ 在点 x_0 处相应于自变量的增量 Δx 的微分,记作 $\mathrm{d}y|_{x=x_0}$,即

$$\mathrm{d}y|_{x=x_0}=A\Delta x.$$

当 $|\Delta x|$ 很小时,$\Delta y \approx \mathrm{d}y$,$A\Delta x$ 是 Δx 的线性函数,称为 Δy 的线性主部($\Delta x \to 0$).

利用导数和微分的定义,可以证明(此处略)二者有如下等价关系.

定理 1.8 函数 $y=f(x)$ 在点 x_0 处可微的充要条件是函数 $y=f(x)$ 在点 x_0 处可导,且 $\mathrm{d}y|_{x=x_0}=f'(x_0)\Delta x$.

在定理 1.8 中,把 x_0 换成一般的 x,微分公式可以表示为

$$\mathrm{d}y=f'(x)\Delta x.$$

对于函数 $y=x$,由于 $y'=1$,故 $\mathrm{d}x=\mathrm{d}y=1 \cdot \Delta x = \Delta x$. 所以我们常把 $\mathrm{d}x$ 称为自变量 x 的微分,微分公式常表示为

$$\mathrm{d}y=f'(x)\mathrm{d}x.$$

上式两边同除以 $\mathrm{d}x$,得到

$$f'(x)=\frac{\mathrm{d}y}{\mathrm{d}x}.$$

即导数 $f'(x)$ 是函数微分 $\mathrm{d}y$ 与自变量微分 $\mathrm{d}x$ 的比值,故导数又称为微商. 上式反映了导数与微分的内在联系. 把导数公式稍加修改,即可得到常见的基本初等函数的微分公式.

(1) $d(x^\mu) = \mu x^{\mu-1} dx$； (2) $d(a^x) = a^x \ln a \, dx \, (a>0, a\neq 1)$；

(3) $d(e^x) = e^x dx$； (4) $d(\log_a x) = \dfrac{1}{x \ln a} dx \, (a>0, a\neq 1)$；

(5) $d(\ln x) = \dfrac{1}{x} dx$； (6) $d(\sin x) = \cos x \, dx$；

(7) $d(\cos x) = -\sin x \, dx$； (8) $d(\tan x) = \dfrac{1}{\cos^2 x} dx$.

例 1.43 求函数 $y = x^4$ 在 $x = 2$ 处的微分.

解 $dy = (x^4)' dx = 4x^3 dx$，故 $dy|_{x=2} = 4x^3|_{x=2} dx = 32 dx$.

例 1.44 在例 1.42 中，若正方形金属板的初始边长 $x_0 = 1$，受热后边长的改变量 $\Delta x = 0.001$，请计算此时面积的改变量 ΔS 及面积的微分 dS.

解 $\Delta S = 2x_0 \Delta x + (\Delta x)^2$，$dS = 2x_0 \Delta x$，故当 $x_0 = 1$，$\Delta x = 0.001$ 时，
$\Delta S = 2 \times 1 \times 0.001 + (0.001)^2 = 0.002\,001$，$dS = 2 \times 1 \times 0.001 = 0.002$.

由例 1.44 可以看到，当 $|\Delta x|$ 很小时，ΔS 与 dS 的差的绝对值也很小，故可以用微分 dS 来近似计算函数增量 ΔS，即 $\Delta S \approx dS$.

二、微分的运算法则

1. 函数的和、差、积、商的微分法则

由导数的和、差、积、商运算法则以及导数与微分的关系，可以推出微分的四则运算法则.

定理 1.9 设函数 $u = u(x)$，$v = v(x)$ 均可微，则其和、差、积、商在 x 处也可微（分母为零的点除外），且

(1) $d(u \pm v) = du \pm dv$；

(2) $d(uv) = v \, du + u \, dv$；

(3) $d\left(\dfrac{u}{v}\right) = \dfrac{v \, du - u \, dv}{v^2} \, (v \neq 0)$.

证 以 (2) 为例给出证明过程，其他可以类似证明.

把乘积的导数公式 $(uv)' = u'v + uv'$ 两边同乘 dx，可以得到
$$(uv)' dx = u'v \, dx + uv' \, dx.$$

再由导数与微分的关系，可得 $d(uv) = v \, du + u \, dv$，此即乘积的微分运算法则.

2. 复合函数的微分法则

设函数 $y = f(u)$ 及 $u = g(x)$ 都可导，则复合函数 $y = f[g(x)]$ 的微分为
$$dy = \{f[g(x)]\}' dx = f'[g(x)] g'(x) dx.$$

由于 $u=g(x)$，故 $\mathrm{d}u=g'(x)\mathrm{d}x$，代入上式得到 $\mathrm{d}y=f'(u)\mathrm{d}u$。可见，在计算复合函数的微分时，无论 u 是中间变量还是最终的自变量，微分公式 $\mathrm{d}y=f'(u)\mathrm{d}u$ 始终成立，复合函数的这个性质叫作函数的一阶微分形式不变性。

例 1.45 设 $y=\ln(1+\mathrm{e}^x)$，求 $\mathrm{d}y$。

解 $\mathrm{d}y=\dfrac{1}{1+\mathrm{e}^x}\mathrm{d}(1+\mathrm{e}^x)=\dfrac{\mathrm{e}^x}{1+\mathrm{e}^x}\mathrm{d}x$。

三、微分的应用

1. 自变量发生微小变化时函数增量的近似计算

前面已经讨论过，当 $|\Delta x|$ 很小时，$\Delta y \approx \mathrm{d}y$，可以利用此公式对函数增量进行近似计算。

例 1.46 欲为一个半径为 1 cm 的球镀上厚度为 0.01 cm 的铜，请估算镀层的质量（铜的密度为 8.9 g/cm³）。

解 设球的半径为 r，体积为 V，铜的密度为 ρ，则 $V=\dfrac{4}{3}\pi r^3$，镀层的质量 $m=\rho\Delta V$，其中

$$\Delta V \approx \mathrm{d}V = \left(\dfrac{4}{3}\pi r^3\right)' \Delta r = 4\pi r^2 \Delta r.$$

由题意 $r=1$ cm，$\Delta r=0.01$ cm，$\rho=8.9$ g/cm³，代入上式得

$$\Delta V \approx 4 \times 3.14 \times 1^2 \times 0.01 \approx 0.13 (\mathrm{cm}^3).$$

故镀层的质量约为 $8.9 \times 0.13 \approx 1.16$(g)。

2. 自变量发生微小变化时函数值的近似计算

由于 $\Delta y = f(x_0+\Delta x)-f(x_0)$，故

$$f(x_0+\Delta x) = f(x_0)+\Delta y \approx f(x_0)+f'(x_0)\Delta x.$$

记 $x=x_0+\Delta x$，则上式也可写成

$$f(x) \approx f(x_0)+f'(x_0)(x-x_0).$$

例 1.47 计算 $\sqrt[5]{33}$ 的近似值。

解 $\sqrt[5]{33}=\sqrt[5]{2^5+1}=2\sqrt[5]{1+\dfrac{1}{32}}$，令 $f(x)=\sqrt[5]{1+x}$，$x_0=0$，$x=\dfrac{1}{32}$，则

$$f(0)=1, f'(x)=\dfrac{1}{5}(1+x)^{-\frac{4}{5}}, f'(0)=\dfrac{1}{5},$$

故 $\sqrt[5]{33}=2f\left(\dfrac{1}{32}\right)\approx 2\times\left(1+\dfrac{1}{5}\times\dfrac{1}{32}\right)=2.012\,5$。

§1.9 洛必达法则

由例 1.10～例 1.13 及第一个重要极限可知,两个函数都趋于无穷大或零时,它们比值的极限可能存在,也可能不存在,通常把这种极限叫作未定式,简称为 $\dfrac{\infty}{\infty}$ 型或 $\dfrac{0}{0}$ 型未定式.对于这类极限,即使存在也不能直接用商的极限运算法则来计算.下面介绍的洛必达(L'Hospital)法则可以用来计算未定式的极限.为了方便讨论,我们以 $x \to x_0$ 时的未定式为例来介绍,相关结论对其他情况仍然成立.

定理 1.10 设函数 $f(x), F(x)$ 在点 x_0 的某去心邻域 $\overset{\circ}{U}(x_0)$ 内满足:
(1) 存在导函数 $f'(x), F'(x)$ 且 $F'(x) \neq 0$;
(2) $\lim\limits_{x \to x_0} f(x) = \lim\limits_{x \to x_0} F(x) = 0 (或 \infty)$;
(3) $\lim\limits_{x \to x_0} \dfrac{f'(x)}{F'(x)}$ 存在(或为无穷大).

那么 $\lim\limits_{x \to x_0} \dfrac{f(x)}{F(x)}$ 也存在,且

$$\lim_{x \to x_0} \frac{f(x)}{F(x)} = \lim_{x \to x_0} \frac{f'(x)}{F'(x)}.$$

注 1.17 如果 $\dfrac{f'(x)}{F'(x)}$ 在 $x \to x_0$ 的过程中仍为 $\dfrac{\infty}{\infty}$ 型或 $\dfrac{0}{0}$ 型未定式,且 $f'(x), F'(x)$ 满足定理 1.10 中 $f(x), F(x)$ 所需要的条件,那么可以对 $\dfrac{f'(x)}{F'(x)}$ 继续使用洛必达法则.

注 1.18 等价无穷小代换、有理化等方法在求未定式极限时仍然具有特定的优势,它们和洛必达法则一起使用往往可以简化运算.

例 1.48 求极限 $\lim\limits_{x \to 1} \dfrac{x^3 - 3x + 2}{x^3 - x^2 - x + 1}$.

解 $\lim\limits_{x \to 1} \dfrac{x^3 - 3x + 2}{x^3 - x^2 - x + 1} = \lim\limits_{x \to 1} \dfrac{3x^2 - 3}{3x^2 - 2x - 1} = \lim\limits_{x \to 1} \dfrac{6x}{6x - 2} = \dfrac{6}{4} = \dfrac{3}{2}.$

例 1.49 求极限 $\lim\limits_{x \to 0} \dfrac{e^x - 1}{x}$.

解 $\lim\limits_{x \to 0} \dfrac{e^x - 1}{x} = \lim\limits_{x \to 0} \dfrac{e^x}{1} = 1.$

例 1.50 求极限 $\lim\limits_{x\to 0}\dfrac{x-\sin x}{x^3}$.

解 $\lim\limits_{x\to 0}\dfrac{x-\sin x}{x^3}=\lim\limits_{x\to 0}\dfrac{1-\cos x}{3x^2}=\lim\limits_{x\to 0}\dfrac{\sin x}{6x}=\dfrac{1}{6}.$

除了求 $\dfrac{\infty}{\infty}$ 型和 $\dfrac{0}{0}$ 型未定式的极限外,利用洛必达法则还可以求 $0\cdot\infty,\infty-\infty,1^{\infty},0^0,\infty^0$ 等类型的未定式的极限.

例 1.51 求极限 $\lim\limits_{x\to 0}x\ln x^2$.

分析 这是一个 $0\cdot\infty$ 型的未定式,分子、分母同除以 x,可以转化为 $\dfrac{\infty}{\infty}$ 型未定式.

解 $\lim\limits_{x\to 0}x\ln x^2=\lim\limits_{x\to 0}\dfrac{\ln x^2}{\dfrac{1}{x}}=\lim\limits_{x\to 0}\dfrac{2\cdot\dfrac{1}{x^2}\cdot x}{-\dfrac{1}{x^2}}=-2\lim\limits_{x\to 0}x=0.$

例 1.52 求极限 $\lim\limits_{x\to 0}\left(\dfrac{1}{x\sin x}-\dfrac{1}{x^2}\right)$.

分析 这是一个 $\infty-\infty$ 型的未定式,通分后可以转化为 $\dfrac{0}{0}$ 型未定式.

解 $\lim\limits_{x\to 0}\left(\dfrac{1}{x\sin x}-\dfrac{1}{x^2}\right)=\lim\limits_{x\to 0}\dfrac{x-\sin x}{x^2\sin x}=\lim\limits_{x\to 0}\dfrac{x-\sin x}{x^3}$
$=\lim\limits_{x\to 0}\dfrac{1-\cos x}{3x^2}=\lim\limits_{x\to 0}\dfrac{\sin x}{6x}=\dfrac{1}{6}.$

本例中,第二步先用等价无穷小代换把分母的因式 $\sin x$ 换成 x,然后再用洛必达法则,这样可以减少计算量.

接下来关于 $1^{\infty},0^0,\infty^0$ 型未定式的求解需要利用恒等式 $x=e^{\ln x}(x>0)$,把幂指函数 $u(x)^{v(x)}(u(x)>0)$ 的极限问题转化为复合函数 $e^{v(x)\ln[u(x)]}$ 的极限问题.

例 1.53 求极限 $\lim\limits_{x\to 1}x^{\frac{1}{x-1}}$.

解法 1 因为 $\lim\limits_{x\to 1}x^{\frac{1}{x-1}}=\lim\limits_{x\to 1}e^{\frac{\ln x}{x-1}}=e^{\lim\limits_{x\to 1}\frac{\ln x}{x-1}}$,而 $\lim\limits_{x\to 1}\dfrac{\ln x}{x-1}=\lim\limits_{x\to 1}\dfrac{1}{x}=1$,故 $\lim\limits_{x\to 1}x^{\frac{1}{x-1}}=e.$

解法 2(利用第二个重要极限) $\lim\limits_{x\to 1}x^{\frac{1}{x-1}}=\lim\limits_{x\to 1}[1+(x-1)]^{\frac{1}{x-1}}=e.$

§1.10 最值问题

函数 $f(x)$ 在点 x_0 处的导数 $f'(x_0)$ 反映了 $f(x)$ 在点 x_0 处的局部变化率. 如果在某个区间 I 内 $f'(x) > 0$, 那么函数 $f(x)$ 在区间 I 内严格单调增加; 如果在某个区间 I 内 $f'(x) < 0$, 那么函数 $f(x)$ 在区间 I 内严格单调减少. 可见, 导数的取值情况可以反映函数的变化趋势. 在许多实际问题中, 人们经常关心函数何时可以取到最大值或最小值. 本节将从极值入手讨论函数的最大值、最小值问题, 简称最值问题.

一、函数的极值

定义 1.11 设函数 $f(x)$ 在点 x_0 的某邻域 $U(x_0)$ 内有定义, 如果对于 x_0 的某去心邻域 $\mathring{U}(x_0)$ 内的任一点 x, 恒有 $f(x) < f(x_0)$ (或 $f(x) > f(x_0)$), 那么称 $f(x_0)$ 是函数 $f(x)$ 的一个极大值(或极小值). 函数的极大值与极小值统称为极值, 使函数取得极值的点称为极值点.

极值是一个局部概念. 如图 1.10, 点 x_1, x_3, x_5 为极大值点, 点 x_2, x_4 为极小值点. 显然有 $f(x_5) < f(x_2)$, 说明极大值未必大于极小值. 同时可以注意到, 如果光滑可导的函数在点 x_0 处取得极值, 那么必有 $f'(x_0) = 0$. 这一结论称为费马引理. 费马引理给出了极值的必要条件. 满足 $f'(x_0) = 0$ 的点 x_0 称为函数 $f(x)$ 的驻点.

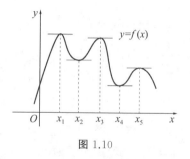

图 1.10

注 1.19 驻点未必是极值点, 如函数 $y = x^3$, $x = 0$ 是驻点但不是极值点; 极值点也未必是驻点, 如函数 $y = |x|$, $x = 0$ 是极值点但不是驻点. 只有当函数在可导点处取得极值时, 极值点才是驻点.

二、函数的最值

在生产实践及科学研究中, 人们经常关心的是问题对应的函数(通常称为目标函数)在什么情况下能够实现"效益最高"或者"代价最小", 这就是最值问题. 当问题对应的目标函数是连续函数并且自变量限制在闭区间上时, 问题一定存在最优解.

由于极值反映的是函数的局部性质, 所以极值点未必是最值点, 最值也可能在区间端点处取得,故可按如下步骤计算闭区间$[a,b]$上的连续函数$f(x)$的最大值和最小值.

(1) 求出$f(x)$在(a,b)内所有可能的极值点:$f(x)$在(a,b)内的驻点和不可导点;

(2) 计算$f(x)$在(a,b)内的驻点、不可导点及端点处的函数值;

(3) 比较(2)中各函数值的大小,最大者即为$f(x)$在$[a,b]$上的最大值,最小者即为$f(x)$在$[a,b]$上的最小值.

注 1.20 如果在(a,b)内讨论$f(x)$的最值问题,且$f(x)$在(a,b)内的驻点唯一,那么驻点对应的极值一定是函数$f(x)$在(a,b)内的最值.

例 1.54 求函数$f(x)=x^3-3x^2-9x-1$在区间$[-2,4]$上的最大值和最小值.

解 由$f'(x)=3x^2-6x-9=0$得到$f(x)$的驻点$x_1=-1,x_2=3$,显然,$f(x)$没有不可导点.计算可得$f(-1)=4,f(3)=-28,f(-2)=-3,f(4)=-21$,故$f(x)$在区间$[-2,4]$上的最大值为4,最小值为$-28$.

例 1.55 工厂生产某产品x单位的费用为$C(x)=x^3-6x^2+15x+10$(单位:万元),得到的收益(单位:万元)是
$$R(x)=30x.$$
问生产多少单位产品时,该工厂的利润最大,最大利润是多少?

解 由题意,利润函数
$$P(x)=R(x)-C(x)=-x^3+6x^2+15x-10.$$
求导得
$$P'(x)=-3x^2+12x+15.$$
令$P'(x)=0$,得$x=5$或$x=-1$(舍去),故$x=5$是利润函数$P(x)$在$(0,+\infty)$内唯一的极值点,所以$x=5$必为$P(x)$的最(大)值点,即当生产5单位产品时,该工厂的利润最大,最大利润为$P(5)=60$(万元).

习题 1

1. 判定下列数列的极限是否存在.若存在,请求出极限;若不存在,请说明理由.

(1) $a_n=\dfrac{(-1)^n}{n}$; (2) $a_n=\dfrac{1}{n^2}$; (3) $a_n=\sin\left(n\pi+\dfrac{\pi}{2}\right)$.

2. 计算下列函数的极限:

(1) $\lim\limits_{x\to-\infty}e^x$; (2) $\lim\limits_{x\to+\infty}e^x$; (3) $\lim\limits_{x\to 2}\dfrac{|x-1|}{x-1}$.

3. 讨论函数 $y=\dfrac{1}{x^2-1}$ 在什么变化过程中是无穷大,在什么变化过程中是无穷小.

4. 在 $x\to 0$ 的过程中,下列变量哪些是无穷小?哪些是无穷大?哪些既不是无穷小也不是无穷大?

(1) $\dfrac{1}{x}$;　　(2) $\dfrac{x}{x^2}$;　　(3) $x^2+0.001$;　　(4) $\dfrac{x-1}{x+1}$;

(5) x^2+3x;　(6) 0;　　(7) $\sqrt[3]{x}$;　　(8) $\sqrt{x+1}$.

5. 计算下列极限:

(1) $\lim\limits_{n\to\infty}\dfrac{2n^2+3n-1}{n^2+2n+4}$;　　(2) $\lim\limits_{n\to\infty}\dfrac{n+1000}{n^2}$;

(3) $\lim\limits_{x\to 1}\dfrac{(x-1)^2}{x^2-1}$;　　(4) $\lim\limits_{x\to 0}\dfrac{\sqrt{1+x}-1}{x}$;

(5) $\lim\limits_{x\to 1}\dfrac{\sqrt{x}-1}{x-1}$;　　(6) $\lim\limits_{x\to 2}\dfrac{2-x}{x^2-4}$;

(7) $\lim\limits_{n\to\infty}\left(\dfrac{1}{n^2}+\dfrac{2}{n^2}+\cdots+\dfrac{n}{n^2}\right)$;　　(8) $\lim\limits_{n\to\infty}\dfrac{2^n+3^n+4^n}{4^n}$;

(9) $\lim\limits_{n\to\infty}\sqrt{n}(\sqrt{n+2}-\sqrt{n})$;　　(10) $\lim\limits_{h\to 0}\dfrac{(x+h)^2-x^2}{h}$.

6. 计算下列极限:

(1) $\lim\limits_{x\to 2}\dfrac{\sin(x-2)}{x^2-4}$;　　(2) $\lim\limits_{n\to\infty}2^n\sin\dfrac{1}{2^n}$;

(3) $\lim\limits_{x\to\infty}\left(1+\dfrac{2}{x}\right)^{2x}$;　　(4) $\lim\limits_{x\to\infty}\left(\dfrac{x+1}{x-1}\right)^{3x}$;

(5) $\lim\limits_{x\to 0}\left(\dfrac{2-x}{2}\right)^{2x}$;　　(6) $\lim\limits_{x\to 0}\left(\dfrac{2-x}{2}\right)^{\frac{2}{x}}$;

(7) $\lim\limits_{n\to\infty}n[\ln(n+2)-\ln n]$.

7. 利用等价无穷小的代换计算下列极限:

(1) $\lim\limits_{x\to 0}\dfrac{\cos x-1}{2x\sin x}$;　　(2) $\lim\limits_{x\to 0}\dfrac{\sqrt{1+2x^2}-1}{\sin x^2}$;

(3) $\lim\limits_{x\to 0}\dfrac{\tan 2x}{\sin 3x}$;　　(4) $\lim\limits_{x\to 0}\dfrac{\ln(1+\tan 2x)}{e^{2x}-1}$.

8. 计算下列函数的导数:

(1) $y=x^3+\dfrac{1}{x^2}+2$;　　(2) $y=2^x+x^2$;

(3) $y=(2x+1)\ln(2x+1)$;　　(4) $y=\sin(x^2+1)$;

(5) $y = e^{2x} \cos x^2$; (6) $y = \sqrt{x^2+1}$;

(7) $y = \dfrac{\ln x}{x}$; (8) $y = \tan(\sin 2x)$;

(9) $y = e^{\sin \frac{1}{x}}$; (10) $y = e^{x^2}(2x+3)$.

9. 计算下列函数的二阶导数:

(1) $y = x e^{2x}$; (2) $y = x \sin x$;

(3) $y = e^{2x} \sin x$; (4) $y = \dfrac{1}{2x+1}$.

10. 计算下列函数的微分:

(1) $y = \ln(x + \sqrt{x^2+a^2})$; (2) $y = \dfrac{1}{x} + 2\sqrt{x}$.

11. 计算下列未定式的极限:

(1) $\lim\limits_{x \to 0} \dfrac{e^x - e^{-x}}{\ln(1+x)}$; (2) $\lim\limits_{x \to 0} \dfrac{\tan x - x}{x - \sin x}$;

(3) $\lim\limits_{x \to \pi} \dfrac{\sin 3x}{\tan x}$; (4) $\lim\limits_{x \to 0} \dfrac{(1+x)^\alpha - 1}{x}$ (α 为任意实数);

(5) $\lim\limits_{x \to 1} \left(\dfrac{2}{x^2-1} - \dfrac{1}{x-1} \right)$; (6) $\lim\limits_{x \to 0} (1 + \sin x)^{\frac{1}{x}}$.

12. 立方体的棱长 $x = 10$ cm,如果棱长增加 0.1 cm,求体积 V 增加的精确值和用微分近似的方法得到的近似值.

13. 求下列各式的近似值:(1) $\sqrt[5]{0.95}$;(2) $\sqrt[3]{8.02}$.

14. 求函数 $f(x) = x - \dfrac{3}{2} x^{\frac{2}{3}}$ 在区间 $\left[-1, \dfrac{27}{8} \right]$ 上的最大值和最小值.

15. 已知生产 x 单位某产品的利润函数为
$$L(x) = 5\,000 + 3x - 10^{-6} \cdot x^3.$$
问生产多少单位产品时获得的利润最大?

阅读材料

第二次数学危机

第二次数学危机是指发生在 17、18 世纪,围绕微积分诞生初期的基础定义展开的一场争论,这场危机的解决最终完善了微积分的定义以及与实数相关的概念,并且促进了集合论的诞生.

● **危机的背景**

微积分是 17 世纪取得重大进展的数学分支之一,它的诞生和发展包含着许多人的贡献,其中最杰出的代表是牛顿和莱布尼茨.然而,在微积分诞生初期,其基础并不牢固,许多基本概念还相当模糊和混乱.

● **危机的产生**

在微积分诞生初期,人们对于无穷小量的理解和使用存在很大的争议.例如,无穷小量是否为零,零是否可以作为除数等问题都没有明确的答案.这导致了许多微积分运算的结果在逻辑上存在问题.引起第二次数学危机的实际问题来源于牛顿的求导数(流数术)方法.牛顿使用论证法得到 x^n 的导数为 nx^{n-1},这个方法在实际应用中非常成功,大大推进了科学技术的发展.虽然这个结果是正确的,但是牛顿的论证过程实际上存在问题,在处理增量中的无穷小量时,牛顿将其直接略去了事.这就引起一个矛盾,无穷小量究竟是不是零? 如果它不是零,那么牛顿将其直接略去的方法就不够严谨;如果它是零,那么它就不能被放在分母中.莱布尼茨曾试图用和无穷小量成比例的有限量的差分来代替无穷小量,但是他也没有找到从有限量过渡到无穷小量的桥梁.

在极限的问题尚未被完全认清之前,许多数学家、哲学家对微积分不够坚实的基础进行了批判,指出其缺乏必要的逻辑基础.就这样,第二次数学危机爆发了.

● **危机的解决**

微积分中的许多重要概念,如导数、定积分等,都涉及极限的概念.然而,在微积分诞生初期,极限并没有严格的定义和解释.这导致了许多微积分运算的结果在逻辑上存在问题.19 世纪 20 年代,一些数学家开始重视微积分的基础理论研究,从柯西、阿贝尔、波尔查诺的工作开始,一直到戴德金、康托尔与魏尔斯特拉斯才彻底完成.在这些工作之后,魏尔斯特拉斯又在极限理论的基础上,给出了极限、连续的定义等,许多定义通用至今.

● **危机的影响**

第二次数学危机的解决不仅完善了微积分的定义以及与实数相关的

概念,而且促进了集合论的诞生.集合论的出现为数学提供了一个更加严谨和统一的基础,对现代数学的发展产生了深远的影响.同时,第二次数学危机也展示了数学发展的动态性和复杂性,提醒人们在数学研究中要保持谨慎和批判的态度.

业余数学家之王——费马

费马(Fermat,1601—1665),法国数学家.他是一位律师,社会工作繁忙,但是他酷爱数学,利用业余时间进行数学研究,被誉为"业余数学家之王".他独立于笛卡儿发现了解析几何的基本原理,是公认的解析几何的创始人之一;他给出了求切线、极大值和极小值以及定积分的方法,为微积分的发展做出了重要贡献;他善于思考,有超强的直觉能力,提出了数论中的很多猜想,包括费马大定理、费马小定理等.费马的很多猜想经高斯、欧拉等杰出的数学家花费很长的时间才得以证明,他因此也被称为"猜想数学家".此外,费马在概率论、光学等领域都有贡献,是17世纪最伟大的数学家之一.

第 2 章

一元函数积分学

前面我们讨论了一元函数微积分学的微分学部分,在这一章中,我们将讨论微积分学的另一个重要部分:积分学.定积分起源于求图形的面积和体积等实际问题.古希腊的阿基米德、我国的刘徽等都曾计算过一些几何体的面积和体积,他们所用的方法均为定积分的雏形.直到 17 世纪中叶,牛顿和莱布尼茨先后提出了定积分的概念,并发现了积分与微分之间的内在联系,给出了计算定积分的一般方法,从而才使定积分成为解决有关实际问题的有力工具,并使本来各自独立的微分学与积分学联系在一起,构成了完整的理论体系——微积分学.

本章先讨论不定积分的概念、性质和计算方法,然后以一些典型问题为背景引入定积分的概念,讨论定积分的性质与计算方法.

§2.1 不定积分

前一章我们学习了导数和微分,已知汽车行驶路程与时间的函数关系 $s(t)$,就可以通过求导来计算其速度 $v(t)$,那么如果知道汽车的速度,如何求出其路程函数呢? 又假设 y 是 x 的函数,其导数是 5,那么这个函数 y 的表达式是怎样的呢? 我们知道 $5x$ 的导数是 5,那么是否还有导数是 5 的其他函数呢? 其实有很多,如

$$5x+2,5x-100,5x+3.8,5x+\ln 2.$$

所有这些函数的导数都是 5,它们都是 $5x$ 加上一个常数的形式,表示为 $5x+C$,其中 C 为任意常数.从而我们看到任何两个导数为 5 的函数仅相差一个常数.下面我们给出原函数的定义.

定义 2.1 如果在区间 I 上,可导函数 $F(x)$ 的导函数为 $f(x)$,即对于任意 $x\in I$,都有

$$F'(x)=f(x),$$

那么函数 $F(x)$ 就称为 $f(x)$ 在区间 I 上的原函数.

上面列举的 $5x,5x+2,5x-100,5x+3.8,5x+\ln 2$ 都是导数为 5 的

原函数,对于这些原函数我们有如下结论:

若函数 $F(x)$ 和 $G(x)$ 在区间 I 上可导,且它们具有相同的导数,则它们至多相差一个常数,即 $F(x)=G(x)+C$,其中 C 为常数.

因此,对于导数为 5 的原函数,我们通常用 $5x+C$ 来表示.所以当 C 为任意常数时,表达式

$$F(x)+C$$

就可表示 $f(x)$ 的任意一个原函数.

求一个函数的原函数,其实就是导数运算的逆运算——积分运算,下面我们介绍不定积分的相关知识.

定义 2.2 在区间 I 上,函数 $f(x)$ 的带有任意常数项的原函数称为 $f(x)$ 在区间 I 上的不定积分,记作

$$\int f(x)\mathrm{d}x.$$

由定义知,若 $F(x)$ 为 $f(x)$ 的原函数,则

$$\int f(x)\mathrm{d}x = F(x)+C \ (C \text{ 为任意常数}).$$

函数 $f(x)$ 的原函数 $F(x)$ 的图象称为 $f(x)$ 的积分曲线.

由定义知,求函数 $f(x)$ 的不定积分,就是求 $f(x)$ 的全体原函数.在 $\int f(x)\mathrm{d}x$ 中,积分号"$\int$"表示对函数 $f(x)$ 进行求原函数的运算,故求不定积分的运算实质上就是求导(或求微分)运算的逆运算.

根据不定积分的定义,可以推得它有如下两个性质:

性质 1 设函数 $f(x)$ 及 $g(x)$ 的原函数存在,则

$$\int [f(x) \pm g(x)]\mathrm{d}x = \int f(x)\mathrm{d}x \pm \int g(x)\mathrm{d}x.$$

性质 1 可以推广到有限多个函数的情形.

性质 2 设函数 $f(x)$ 的原函数存在,k 为非零常数,则

$$\int kf(x)\mathrm{d}x = k\int f(x)\mathrm{d}x.$$

由不定积分的定义,可得如下关系式:

(1) $\dfrac{\mathrm{d}}{\mathrm{d}x}\left[\int f(x)\mathrm{d}x\right] = f(x)$ 或 $\mathrm{d}\left[\int f(x)\mathrm{d}x\right] = f(x)\mathrm{d}x$;

(2) $\int F'(x)\mathrm{d}x = F(x)+C$ 或 $\int \mathrm{d}F(x) = F(x)+C$.

例 2.1 求下列不定积分:

(1) $\int x^3 \mathrm{d}x$;   (2) $\int 5\mathrm{e}^{4x}\mathrm{d}x$;   (3) $\int \sin x \mathrm{d}x$.

解 (1) 因为 $\left(\dfrac{x^4}{4}\right)' = x^3$，所以 $\dfrac{x^4}{4}$ 是 x^3 的一个原函数. 因此

$$\int x^3 \,\mathrm{d}x = \dfrac{x^4}{4} + C.$$

(2) 因为 $\left(\dfrac{5}{4}\mathrm{e}^{4x}\right)' = 5\mathrm{e}^{4x}$，所以 $\dfrac{5}{4}\mathrm{e}^{4x}$ 是 $5\mathrm{e}^{4x}$ 的一个原函数. 因此

$$\int 5\mathrm{e}^{4x} \,\mathrm{d}x = \dfrac{5}{4}\mathrm{e}^{4x} + C.$$

(3) 因为 $(\cos x)' = -\sin x$，所以 $-\cos x$ 是 $\sin x$ 的一个原函数. 因此

$$\int \sin x \,\mathrm{d}x = -\cos x + C.$$

例 2.2 已知曲线 $y = f(x)$ 在任一点 x 处的切线斜率为 $2x$，且曲线通过点 $(1,2)$，求此曲线的方程.

解 根据题意知

$$f'(x) = 2x,$$

即 $f(x)$ 是 $2x$ 的一个原函数，从而

$$f(x) = \int 2x \,\mathrm{d}x = x^2 + C.$$

曲线 $y = x^2 + C$ 如图 2.1 所示，现要在这些积分曲线中选出通过点 $(1,2)$ 的那条曲线. 由曲线通过点 $(1,2)$ 得 $C = 1$，故所求曲线方程为 $y = x^2 + 1$.

例 2.3 若一企业生产某产品的边际成本是 x 的函数

$$C'(x) = 7 + 24x\,(\text{元}/\text{件}),$$

其中 x 是该产品的产量（单位：件）. 已知生产的固定成本为 500 元，求生产成本函数.

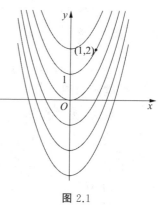

图 2.1

解 因为 $(7x + 12x^2)' = 7 + 24x$，所以 $7x + 12x^2$ 是 $7 + 24x$ 的一个原函数，从而

$$C(x) = \int (7 + 24x) \,\mathrm{d}x = 7x + 12x^2 + C.$$

现要在上述积分曲线中选出一条生产成本曲线. 由已知生产的固定成本为 500 元，即当产量 $x = 0$ 时，$C(x) = 500$，故可得

$$C = 500.$$

因此，所求生产成本函数为

$$C(x) = 7x + 12x^2 + 500.$$

由求导运算与不定积分运算的互逆关系及导数基本公式,可得相应的积分基本公式:

(1) $\int k\,\mathrm{d}x = kx + C$($k$ 是常数);

(2) $\int x^{\mu}\,\mathrm{d}x = \dfrac{x^{\mu+1}}{\mu+1} + C$($\mu \neq -1$);

(3) $\int \dfrac{\mathrm{d}x}{x} = \ln|x| + C$;

(4) $\int a^x\,\mathrm{d}x = \dfrac{a^x}{\ln a} + C$($a > 0, a \neq 1$);

(5) $\int \mathrm{e}^x\,\mathrm{d}x = \mathrm{e}^x + C$;

(6) $\int \cos x\,\mathrm{d}x = \sin x + C$;

(7) $\int \sin x\,\mathrm{d}x = -\cos x + C$;

(8) $\int \dfrac{\mathrm{d}x}{\cos^2 x} = \tan x + C$.

利用基本积分公式以及不定积分的两个性质,可以求出一些简单函数的不定积分.

例 2.4 求不定积分 $\int (1 - \sqrt[3]{x^2})^2\,\mathrm{d}x$.

解 求该不定积分不能直接用基本积分公式,需要对被积函数进行恒等变形,化为幂函数的代数和的形式,再由不定积分的性质逐项积分.

$$\int (1 - \sqrt[3]{x^2})^2\,\mathrm{d}x = \int (1 - 2x^{\frac{2}{3}} + x^{\frac{4}{3}})\,\mathrm{d}x = \int 1\,\mathrm{d}x - 2\int x^{\frac{2}{3}}\,\mathrm{d}x + \int x^{\frac{4}{3}}\,\mathrm{d}x$$
$$= x - \dfrac{6}{5}x^{\frac{5}{3}} + \dfrac{3}{7}x^{\frac{7}{3}} + C.$$

从上面的几个例子可以看到,求不定积分时,通常先对被积函数进行恒等变形,将其转化为基本积分公式表中的被积函数的代数和的形式.这种方法只能解决非常有限的不定积分,因此,需要进一步研究不定积分的求法.

对于复合函数 $y = f(x) = \mathrm{e}^{x^2}$,求它的微分,需要使用链式法则:
$$\mathrm{d}y = f'(x)\,\mathrm{d}x = 2x\mathrm{e}^{x^2}\,\mathrm{d}x.$$

现在需要求 $\int 2x\mathrm{e}^{x^2}\,\mathrm{d}x$,可以看到利用之前的方法无法求该积分.但是只需要作一个适当的变量代换,令 $u = x^2$,则 $\mathrm{d}u = 2x\,\mathrm{d}x$.

用 u 来代替 x^2,$\mathrm{d}u$ 代替 $2x\,\mathrm{d}x$,则

$$\int 2x\,e^{x^2}\,dx = \int e^u\,du = e^u + C = e^{x^2} + C.$$

这个过程就是利用换元积分法求积分的过程.将被积函数通过变量代换化成一个容易积分的函数.

例 2.5 求 $\int \dfrac{1}{3x+1}dx$.

解 设 $u = 3x+1$,则 $dx = \dfrac{1}{3}du$.于是

$$\int \frac{1}{3x+1}dx = \frac{1}{3}\int \frac{1}{u}du = \frac{1}{3}\ln|u| + C = \frac{1}{3}\ln|3x+1| + C.$$

例 2.6 求 $\int \dfrac{dx}{1+\sqrt{x}}$.

解 设 $u = \sqrt{x}$,则 $x = u^2$,$dx = 2u\,du$.于是

$$\int \frac{dx}{1+\sqrt{x}} = \int \frac{2u\,du}{1+u} = 2\int\left(1 - \frac{1}{1+u}\right)du$$

$$= 2(u - \ln|1+u|) + C = 2\sqrt{x} - 2\ln(1+\sqrt{x}) + C.$$

我们还可以利用两个函数乘积的导数公式来求积分,这种方法称为分部积分法.

设函数 $u = u(x)$,$v = v(x)$ 在区间 $[a,b]$ 上具有连续导数.两个函数乘积的导数公式为

$$(uv)' = u'v + uv',$$

移项,得

$$uv' = (uv)' - u'v.$$

两边求不定积分,得

$$\int uv'\,dx = uv - \int u'v\,dx. \tag{2.1}$$

公式(2.1)也可以写成如下形式:

$$\int u\,dv = uv - \int v\,du.$$

该公式称为分部积分公式.若求 $\int uv'\,dx$ 比较困难,而求 $\int u'v\,dx$ 比较容易,这时通常使用分部积分公式.

例 2.7 求 $\int x\cos x\,dx$.

解 设 $u = x$,$dv = \cos x\,dx$,则 $du = dx$,$v = \sin x$.于是

$$\int x\cos x\,dx = \int x\,d(\sin x) = x\sin x - \int \sin x\,dx = x\sin x + \cos x + C.$$

例 2.8 求 $\int \ln x \, \mathrm{d}x$.

解 设 $u = \ln x, \mathrm{d}v = \mathrm{d}x$，则 $\mathrm{d}u = \dfrac{1}{x}\mathrm{d}x, v = x$. 于是

$$\int \ln x \, \mathrm{d}x = x \ln x - \int x \, \mathrm{d}(\ln x) = x \ln x - \int x \cdot \dfrac{1}{x} \mathrm{d}x$$

$$= x \ln x - \int \mathrm{d}x = x \ln x - x + C.$$

§2.2　定积分的概念

一、定积分的概念

曲边梯形的面积　在求某个小岛的面积时，我们可以用相互垂直的两组平行线对小岛进行分割，将其分割成若干个矩形和一些边缘处不规则的图形，如图 2.2.

我们把边缘处不规则的图形提炼出来，如图 2.3，设函数 $y = f(x)$ 在区间 $[a,b]$ 上非负、连续，求由直线 $x = a, x = b, x$ 轴及曲线 $y = f(x)$ 所围成的图形的面积. 通常我们把这个图形称为曲边梯形.

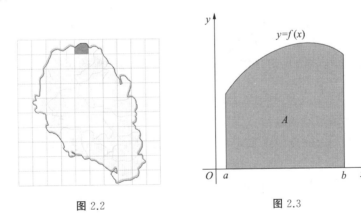

图 2.2　　　　　　　　　图 2.3

如果我们把求曲边梯形的面积问题解决了，那么求小岛的面积问题就迎刃而解了. 求曲边梯形的面积，困难在于图形中有一条边不是直线，而是曲线弧.

如图 2.4,把区间 $[a,b]$ 进行四等分,每个子区间的长度 $\Delta x = \dfrac{b-a}{4}$,以各个子区间的左端点对应的函数值 $f(x_0)$, $f(x_1), f(x_2), f(x_3)$ 作为矩形的高,则这四个矩形面积的和为 $A_4 = \sum\limits_{i=0}^{3} f(x_i)\Delta x$. 用 A_4 作为曲边梯形面积的近似值是不太精确的,为了提高精确度,我们可以把区间分得更细,用这些矩形面积的和代替曲边梯形面积就会更加精确.一般地,如图 2.5,把区间 $[a,b]$ 分成 n 个相等的小区间,则每个子区间的长度 $\Delta x = \dfrac{b-a}{n}$,以各子区间左端点的函数值作为矩形的高,则这 n 个矩形的面积和

$$A_n = \sum_{i=0}^{n-1} f(x_i)\Delta x.$$

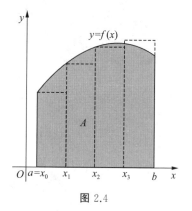

图 2.4

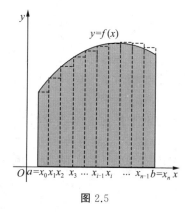

图 2.5

这个值可以作为曲边梯形面积 A 的近似值.当 n 无限增大时,从图中可以看到这些矩形将越来越逼近曲边梯形,所以 A_n 的值将无限接近曲边梯形的面积 A.因此,曲边梯形的面积

$$A = \lim_{n\to\infty} A_n = \lim_{n\to\infty} \sum_{i=0}^{n-1} f(x_i)\Delta x.$$

变速直线运动的路程 设某物体做直线运动,已知速度 $v=v(t)$ 是时间段 $[T_1, T_2]$ 上的连续函数,且 $v(t) \geqslant 0$,计算在这段时间内该物体所经过的路程 s.

我们知道,对于匀速直线运动,有公式:

路程＝速度×时间.

但是在我们的问题中,速度不是常量,而是随时间变化的变量,因此,所求路程 s 不能直接按匀速直线运动的路程公式来计算.然而,物体运动的速度函数 $v=v(t)$ 是连续变化的,在很短一段时间内,速度的变化很小,近似于匀速.因此,我们可以把时间段 $[T_1, T_2]$ 等分为 n 个小时间段:

$$T_1 = t_0 < t_1 < t_2 < \cdots < t_n = T_2.$$

每段长度为 $\Delta t = \dfrac{T_2 - T_1}{n}$,在时间段 $[t_{i-1}, t_i]$ $(i=1,2,\cdots,n)$ 上任取一个

时刻 $\tau_i(t_{i-1}\leqslant\tau_i\leqslant t_i)$,把物体在时间段$[t_{i-1},t_i]$的运动近似看作匀速直线运动,其速度为$\tau_i$时刻的速度$v(\tau_i)$,则在这一小段时间内物体经过的路程近似等于$v(\tau_i)\Delta t$,从而在整个时间段$[T_1,T_2]$,物体所经过的路程近似等于

$$v(\tau_1)\Delta t + v(\tau_2)\Delta t + \cdots + v(\tau_n)\Delta t = \sum_{i=1}^{n}v(\tau_i)\Delta t.$$

时间间隔分得越细,即 n 越大,则上面这个近似值的精确度就越高,并不断逼近路程的精确值 s.因此,当 n 无限增大时,取上述和式的极限,就得到变速直线运动的路程

$$s = \lim_{n\to\infty}\sum_{i=1}^{n}v(\tau_i)\Delta t.$$

从以上两个例子可以看到,无论是求曲边梯形的面积,还是求变速直线运动的路程,虽然问题的实际背景完全不同,但从数学的角度来看,其解决的方法是一致的,都是通过分割、取近似(局部以直代曲或以常量代变量)得到所求量的近似值,再求和、取极限得到所求量的精确值.还有许多实际问题也可以用上面的方法来处理,如求曲线的弧长、旋转体的体积、平面图形的重心、变力所做的功等.我们把这一方法加以概括抽象,就得到了定积分的概念.

定义 2.3 假设 $f(x)$ 是区间$[a,b]$上的连续函数,把区间$[a,b]$分成 n 个相等的小区间$[x_{i-1},x_i]$$(i=1,2,\cdots,n)$,每个小区间的长度为 $\Delta x = \dfrac{b-a}{n}$,在每个小区间$[x_{i-1},x_i]$上任取一点 $\xi_i$$(x_{i-1}\leqslant\xi_i\leqslant x_i)$,则极限 $\lim\limits_{n\to\infty}\sum\limits_{i=1}^{n}f(\xi_i)\Delta x$ 定义为函数 $f(x)$ 在$[a,b]$上的定积分,记作 $\int_a^b f(x)\mathrm{d}x$,即

$$\int_a^b f(x)\mathrm{d}x = \lim_{n\to\infty}\sum_{i=1}^{n}f(\xi_i)\Delta x. \tag{2.2}$$

其中 $f(x)$ 称为被积函数,$f(x)\mathrm{d}x$ 称为被积表达式,x 称为积分变量,a 称为积分下限,b 称为积分上限,$[a,b]$称为积分区间.

利用定积分的定义,刚才所讨论的两个实际问题可以分别表述如下:

曲线 $y=f(x)$$(f(x)\geqslant 0)$,$x$ 轴及两条直线 $x=a$,$x=b$ 所围成的曲边梯形的面积 A 等于函数 $f(x)$ 在区间$[a,b]$上的定积分,即

$$A = \int_a^b f(x)\mathrm{d}x.$$

物体以变速 $v=v(t)$$(v(t)\geqslant 0)$ 做直线运动,从时刻 $t=T_1$ 到时刻 $t=T_2$,物体经过的路程 s 等于函数 $v(t)$ 在区间$[T_1,T_2]$上的定积分,即

$$s = \int_{T_1}^{T_2} v(t) dt.$$

二、定积分的性质

在定积分的定义中,从实际背景出发,规定了积分上限必须大于积分下限.为了今后计算以及应用方便,现对定积分的定义作以下两点补充规定:

(1) 当 $a=b$ 时, $\int_a^b f(x)dx = 0$;

(2) 当 $a>b$ 时, $\int_a^b f(x)dx = -\int_b^a f(x)dx$.

这样规定后,无论 a,b 两者的大小关系如何,定积分 $\int_a^b f(x)dx$ 都有意义.

由定积分的定义可以很容易地推导出定积分的下列性质.

性质 1 $\int_a^b c\,dx = c(b-a)$ (c 是常数).

当 $c>0$ 时, $\int_a^b c\,dx$ 表示高为 c、底边为 $[a,b]$ 的矩形的面积.

性质 2 $\int_a^b [f(x) \pm g(x)]dx = \int_a^b f(x)dx \pm \int_a^b g(x)dx$.

性质 3 $\int_a^b kf(x)dx = k\int_a^b f(x)dx$ (k 是常数).

常数因子可以提到积分号前.

性质 4 设 $a<c<b$,则 $\int_a^b f(x)dx = \int_a^c f(x)dx + \int_c^b f(x)dx$.

当 c 不介于 a,b 之间时,这个性质仍然成立,它表明定积分对于积分区间具有可加性.

性质 5 如果在区间 $[a,b]$ 上, $f(x) \geqslant 0$,那么 $\int_a^b f(x)dx \geqslant 0$.

当 $f(x) \geqslant 0$ 时, $\int_a^b f(x)dx$ 表示曲线 $f(x)$ 下方与 x 轴所围区域的面积,因此总是非负的.

性质 6 如果在区间 $[a,b]$ 上, $f(x) \geqslant g(x)$,那么 $\int_a^b f(x)dx \geqslant \int_a^b g(x)dx$.

因为 $f(x) - g(x) \geqslant 0$,由性质 2 和性质 5 就可以得到性质 6.

性质 7 如果在区间 $[a,b]$ 上,$m \leqslant f(x) \leqslant M$,则
$$m(b-a) \leqslant \int_a^b f(x) \mathrm{d}x \leqslant M(b-a).$$

证 因为 $m \leqslant f(x) \leqslant M$,所以由性质 6 得
$$\int_a^b m \mathrm{d}x \leqslant \int_a^b f(x) \mathrm{d}x \leqslant \int_a^b M \mathrm{d}x.$$

再由性质 1,即得所要证的不等式.

这个性质说明,由被积函数在积分区间上的最大值及最小值,可以估计积分值的范围.

性质 8(定积分中值定理) 如果函数 $f(x)$ 在闭区间 $[a,b]$ 上连续,那么在积分区间 $[a,b]$ 上至少存在一个点 ξ,使下式成立:
$$\int_a^b f(x) \mathrm{d}x = f(\xi)(b-a) \quad (a \leqslant \xi \leqslant b).$$

这个公式叫作积分中值公式.

定积分中值定理的几何解释是:设曲线 $y=f(x)$ $(x \in [a,b])$ 是 x 轴上方的连续曲线,则在 $[a,b]$ 上至少存在一个点 ξ,使得以区间 $[a,b]$ 为底边、曲线 $y=f(x)$ 为曲边的曲边梯形的面积等于相同底边、高为 $f(\xi)$ 的矩形的面积,如图 2.6 所示.

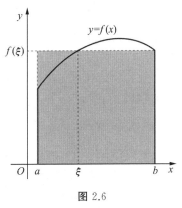

图 2.6

由积分中值公式得
$$f(\xi) = \frac{1}{b-a} \int_a^b f(x) \mathrm{d}x.$$

由上述几何解释易见,数值 $\dfrac{1}{b-a} \int_a^b f(x) \mathrm{d}x$ 表示连续曲线 $y=f(x)$ 在区间 $[a,b]$ 上的平均高度,我们称其为函数 $f(x)$ 在区间 $[a,b]$ 上的平均值.这一概念是对有限个数的平均值概念的拓展.

例 2.9 比较下列各组积分的大小:

(1) $\int_0^1 x \mathrm{d}x$ 与 $\int_0^1 \sqrt{x} \mathrm{d}x$; (2) $\int_1^2 \ln x \mathrm{d}x$ 与 $\int_1^2 (\ln x)^2 \mathrm{d}x$.

解 (1) 因为 $x \in [0,1]$ 时,$\sqrt{x} \geqslant x$,所以由性质 6 得
$$\int_0^1 \sqrt{x} \mathrm{d}x \geqslant \int_0^1 x \mathrm{d}x.$$

(2) 因为 $x \in [1,2]$ 时,$\ln x \geqslant (\ln x)^2$,所以由性质 6 得
$$\int_1^2 \ln x \mathrm{d}x \geqslant \int_1^2 (\ln x)^2 \mathrm{d}x.$$

例 2.10　利用性质 7 估计定积分 $\int_0^1 e^{-x^2} dx$.

解　被积函数 $f(x) = e^{-x^2}$ 在区间 $[0,1]$ 上是单调递减的,于是 $f(x)$ 在 $[0,1]$ 上有最大值 $M = f(0) = 1$,最小值 $m = f(1) = e^{-1}$.因此,由性质 7 得

$$e^{-1} \times (1-0) \leqslant \int_0^1 e^{-x^2} dx \leqslant 1 \times (1-0),$$

即

$$e^{-1} \leqslant \int_0^1 e^{-x^2} dx \leqslant 1.$$

§2.3　定积分的计算

一、微积分基本公式

本节讨论如何计算定积分,我们先从实际问题中寻找解决问题的线索.

设物体以速度 $v(t)$ 做变速直线运动,则它在时间间隔 $[T_1, T_2]$ 内经过的路程

$$s = \int_{T_1}^{T_2} v(t) dt = s(T_2) - s(T_1).$$

$s(t)$ 为物体在时刻 t 的路程函数,且 $s'(t) = v(t)$,即速度函数 $v(t)$ 在区间 $[T_1, T_2]$ 上的定积分等于它的原函数在区间 $[T_1, T_2]$ 上的增量.这个结论可以推广到一般情形.我们可以推得下面的重要定理,它给出了用原函数计算定积分的公式.

定理 2.1(微积分基本定理)　如果函数 $f(x)$ 在区间 $[a,b]$ 上连续,函数 $F(x)$ 是 $f(x)$ 在 $[a,b]$ 上的一个原函数,那么

$$\int_a^b f(x) dx = F(b) - F(a). \tag{2.3}$$

为了方便,以后把 $F(b) - F(a)$ 记成 $F(x)|_a^b$,于是(2.3)式又可以写成

$$\int_a^b f(x) dx = F(x)|_a^b.$$

因为公式(2.3)由牛顿与莱布尼茨建立,故公式(2.3)称为牛顿-莱布尼茨公式.这个公式揭示了定积分与被积函数的原函数之间的内在联系,因此也被称为微积分基本公式.它表明,要求一个函数在区间 $[a,b]$ 上的定积分,只需要求出被积函数的一个原函数,并计算它从端点 a 到端点 b 的增量即可.牛顿-莱布尼茨公式为计算定积分提供了一种有效且简便的方法.

例 2.11 计算 $\int_0^1 x^2 \mathrm{d}x$.

解 由于 $\dfrac{x^3}{3}$ 是 x^2 的一个原函数,所以由牛顿-莱布尼茨公式得

$$\int_0^1 x^2 \mathrm{d}x = \dfrac{x^3}{3}\Big|_0^1 = \dfrac{1}{3} - 0 = \dfrac{1}{3}.$$

例 2.12 计算 $\int_a^b \mathrm{e}^x \mathrm{d}x$.

解 由于 e^x 的一个原函数就是 e^x,所以由牛顿-莱布尼茨公式得

$$\int_a^b \mathrm{e}^x \mathrm{d}x = \mathrm{e}^x\Big|_a^b = \mathrm{e}^b - \mathrm{e}^a.$$

例 2.13 计算 $\int_{-\frac{\pi}{2}}^{\frac{\pi}{2}} \cos x \mathrm{d}x$.

解 由于 $\cos x$ 的一个原函数是 $\sin x$,所以由牛顿-莱布尼茨公式得

$$\int_{-\frac{\pi}{2}}^{\frac{\pi}{2}} \cos x \mathrm{d}x = \sin x\Big|_{-\frac{\pi}{2}}^{\frac{\pi}{2}} = 1 - (-1) = 2.$$

例 2.14 计算 $\int_{-2}^{-1} \dfrac{\mathrm{d}x}{x}$.

解 由于 $\dfrac{1}{x}$ 的一个原函数是 $\ln|x|$,所以由牛顿-莱布尼茨公式得

$$\int_{-2}^{-1} \dfrac{\mathrm{d}x}{x} = (\ln|x|)\Big|_{-2}^{-1} = \ln 1 - \ln 2 = -\ln 2.$$

二、定积分的几何意义

在闭区间 $[a,b]$ 上,当 $f(x) \geqslant 0$ 时,我们已经知道,定积分 $\int_a^b f(x)\mathrm{d}x$ 在几何上表示由曲线 $y=f(x)$,两条直线 $x=a,x=b$ 与 x 轴所围成的曲边梯形的面积.

在闭区间 $[a,b]$ 上,当 $f(x) \leqslant 0$ 时,由曲线 $y=f(x)$,两条直线 $x=a,x=b$ 与 x 轴所围成的曲边梯形位于 x 轴的下方,这时定积分 $\int_a^b f(x)\mathrm{d}x$ 在几何上表示上述曲边梯形面积的负值(图 2.7),即 $\int_a^b f(x)\mathrm{d}x = -A$.

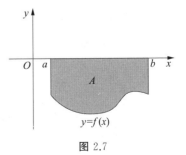

图 2.7

在闭区间$[a,b]$上,当$f(x)$既取得正值又取得负值时,函数$f(x)$的图象既有在x轴上方的部分,也有在x轴下方的部分,此时定积分$\int_a^b f(x)\mathrm{d}x$在几何上表示x轴上方图形的面积减去x轴下方图形的面积所得的差(图2.8),即$\int_a^b f(x)\mathrm{d}x = A_1 - A_2 + A_3$.

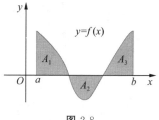

图 2.8

例 2.15 计算正弦曲线$y=\sin x$在$[0,\pi]$上与x轴所围成的平面图形(图2.9)的面积.

解 根据定积分的几何意义,所求平面图形的面积

$$A = \int_0^\pi \sin x \, \mathrm{d}x.$$

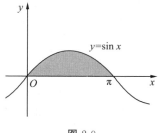

图 2.9

由于$-\cos x$是$\sin x$的一个原函数,所以

$$A = \int_0^\pi \sin x \, \mathrm{d}x = (-\cos x)\Big|_0^\pi = 1-(-1) = 2.$$

如图2.10,设平面图形是由连续曲线$y=f(x)$,$y=g(x)$和直线$x=a$,$x=b(a<b)$所围成的,并且$f(x) \geqslant g(x)$,现在要求它的面积A.

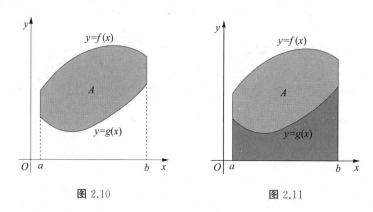

图 2.10　　　　　　图 2.11

该平面图形的面积可以由以$y=f(x)$为曲边的曲边梯形的面积减去以$y=g(x)$为曲边的曲边梯形的面积(图2.11)得到,即

$$A = \int_a^b f(x)\mathrm{d}x - \int_a^b g(x)\mathrm{d}x = \int_a^b [f(x)-g(x)]\mathrm{d}x.$$

例 2.16 计算由曲线 $y=2x$，$y=x^2$ 所围成的图形的面积.

解 这两条曲线所围成的图形如图 2.12 所示. 先求出这两条曲线的交点，为此解方程组 $\begin{cases} y=2x, \\ y=x^2, \end{cases}$ 得交点 $(0,0)$，$(2,4)$.

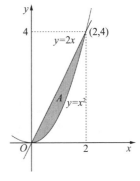

图 2.12

从而所求图形的面积为

$$A = \int_0^2 (2x-x^2)\mathrm{d}x = \left(x^2 - \frac{x^3}{3}\right)\Big|_0^2 = \frac{4}{3}.$$

牛顿-莱布尼茨公式告诉我们，计算定积分 $\int_a^b f(x)\mathrm{d}x$ 的有效、简便的方法是把它转化为求 $f(x)$ 的原函数在 $[a,b]$ 上的增量. 与不定积分一样，当被积函数的原函数无法直接利用基本公式求出时，需要利用换元积分法或分部积分法.

三、定积分的换元法

定理 2.2 假设函数 $f(x)$ 在区间 $[a,b]$ 上连续. 如果函数 $x = \varphi(t)$ 单调并具有连续的导数，且满足 $\varphi(\alpha)=a$，$\varphi(\beta)=b$，那么

$$\int_a^b f(x)\mathrm{d}x = \int_\alpha^\beta f[\varphi(t)]\varphi'(t)\mathrm{d}t. \tag{2.4}$$

公式 (2.4) 称为定积分的换元公式.

例 2.17 计算 $\int_0^1 \frac{1}{2x+1}\mathrm{d}x$.

解 设 $t=2x+1$，则 $\mathrm{d}x = \frac{1}{2}\mathrm{d}t$，且当 $x=0$ 时，$t=1$；当 $x=1$ 时，$t=3$. 于是

$$\int_0^1 \frac{1}{2x+1}\mathrm{d}x = \frac{1}{2}\int_1^3 \frac{1}{t}\mathrm{d}t = \frac{1}{2}\ln t\Big|_1^3 = \frac{\ln 3}{2}.$$

例 2.18 计算 $\int_0^1 \sqrt{1-x^2}\,\mathrm{d}x$.

解 令 $x=\sin t\left(0 \leqslant t \leqslant \frac{\pi}{2}\right)$，则 $\mathrm{d}x = \cos t\,\mathrm{d}t$，且当 $x=0$ 时，$t=0$；当 $x=1$ 时，$t=\frac{\pi}{2}$.

于是

$$\int_0^1 \sqrt{1-x^2}\,\mathrm{d}x = \int_0^{\frac{\pi}{2}} \cos^2 t\,\mathrm{d}t = \frac{1}{2}\int_0^{\frac{\pi}{2}}(1+\cos 2t)\,\mathrm{d}t$$
$$= \frac{1}{2}\left(t+\frac{1}{2}\sin 2t\right)\Big|_0^{\frac{\pi}{2}} = \frac{\pi}{4}.$$

一般来说,利用换元积分法要比利用复合函数的求导法则困难,因为其中需要一定的技巧.这是一个反复尝试的过程,只有通过大量练习,才能熟练运用.如果尝试的一个代换没有得到一个容易积分的被积函数,就要选择另外的代换再试.

例 2.19 证明:

(1) 若函数 $f(x)$ 在闭区间 $[-a,a]$ 上连续,并且为偶函数,则
$$\int_{-a}^a f(x)\,\mathrm{d}x = 2\int_0^a f(x)\,\mathrm{d}x;$$

(2) 若函数 $f(x)$ 在闭区间 $[-a,a]$ 上连续,并且为奇函数,则
$$\int_{-a}^a f(x)\,\mathrm{d}x = 0.$$

证 因为
$$\int_{-a}^a f(x)\,\mathrm{d}x = \int_{-a}^0 f(x)\,\mathrm{d}x + \int_0^a f(x)\,\mathrm{d}x,$$

在积分 $\int_{-a}^0 f(x)\,\mathrm{d}x$ 中,令 $x=-t$,则得
$$\int_{-a}^0 f(x)\,\mathrm{d}x = -\int_a^0 f(-t)\,\mathrm{d}t = \int_0^a f(-t)\,\mathrm{d}t = \int_0^a f(-x)\,\mathrm{d}x.$$

于是
$$\int_{-a}^a f(x)\,\mathrm{d}x = \int_0^a f(-x)\,\mathrm{d}x + \int_0^a f(x)\,\mathrm{d}x = \int_0^a [f(-x)+f(x)]\,\mathrm{d}x.$$

由此可推得下列结果:

(1) 若 $f(x)$ 为偶函数,则
$$f(x)+f(-x)=2f(x),$$

从而
$$\int_{-a}^a f(x)\,\mathrm{d}x = 2\int_0^a f(x)\,\mathrm{d}x.$$

(2) 若 $f(x)$ 为奇函数,则
$$f(x)+f(-x)=0,$$

从而
$$\int_{-a}^a f(x)\,\mathrm{d}x = 0.$$

该题的几何意义是明显的,如图 2.13 所示.

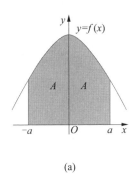
(a)

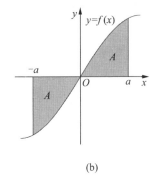
(b)

图 2.13

四、定积分的分部积分法

设函数 $u=u(x),v=v(x)$ 在区间 $[a,b]$ 上具有连续导数,两个函数乘积的导数公式为

$$(uv)'=u'v+uv',$$

移项得

$$uv'=(uv)'-u'v.$$

两边积分得

$$\int_a^b u(x)v'(x)\mathrm{d}x=u(x)v(x)\mid_a^b-\int_a^b u'(x)v(x)\mathrm{d}x. \tag{2.5}$$

上式也可写成

$$\int_a^b u(x)\mathrm{d}v(x)=u(x)v(x)\mid_a^b-\int_a^b v(x)\mathrm{d}u(x). \tag{2.6}$$

这就是定积分的分部积分公式.如果求 $\int_a^b u(x)\mathrm{d}v(x)$ 有困难,而求 $\int_a^b v(x)\mathrm{d}u(x)$ 比较容易,分部积分公式就可以发挥作用了.

现在通过例子说明如何运用分部积分法来求定积分.

例 2.20 计算 $\int_0^1 x\mathrm{e}^x\mathrm{d}x$.

解 设 $u=x,\mathrm{d}v=\mathrm{e}^x\mathrm{d}x$,则 $\mathrm{d}u=\mathrm{d}x,v=\mathrm{e}^x$.于是

$$\int_0^1 x\mathrm{e}^x\mathrm{d}x=x\mathrm{e}^x\mid_0^1-\int_0^1\mathrm{e}^x\mathrm{d}x=1.$$

在分部积分法运用得比较熟练以后,就不必明确写出 u 和 $\mathrm{d}v$.只要运用"凑微分"的技巧,便可直接使用分部积分公式.

例 2.21 计算 $\int_1^2 x\ln x\,\mathrm{d}x$.

解 $\int_1^2 x\ln x\,\mathrm{d}x = \dfrac{1}{2}\int_1^2 \ln x\,\mathrm{d}(x^2) = \dfrac{1}{2}(x^2\ln x)\Big|_1^2 - \dfrac{1}{2}\int_1^2 x^2\,\mathrm{d}(\ln x)$

$= 2\ln 2 - \dfrac{1}{2}\int_1^2 x\,\mathrm{d}x$

$= 2\ln 2 - \dfrac{1}{2}\left(\dfrac{1}{2}x^2\right)\Big|_1^2 = 2\ln 2 - \dfrac{3}{4}$.

例 2.22 计算 $\int_0^1 \ln(1+x)\,\mathrm{d}x$.

解 $\int_0^1 \ln(1+x)\,\mathrm{d}x = x\ln(1+x)\Big|_0^1 - \int_0^1 \dfrac{x}{x+1}\,\mathrm{d}x$

$= \ln 2 - \int_0^1 \left(1 - \dfrac{1}{x+1}\right)\mathrm{d}x$

$= \ln 2 - [x - \ln(x+1)]\Big|_0^1$

$= 2\ln 2 - 1$.

习 题 2

1. 不计算积分,比较下列各组积分值的大小:

(1) $\int_0^1 x\,\mathrm{d}x$ 与 $\int_0^1 x^2\,\mathrm{d}x$; (2) $\int_1^2 x\,\mathrm{d}x$ 与 $\int_1^2 x^2\,\mathrm{d}x$.

2. 计算下列不定积分:

(1) $\int (1-3x^2)\,\mathrm{d}x$; (2) $\int (3^x + x^3)\,\mathrm{d}x$;

(3) $\int \left(3\sqrt[3]{x} - \dfrac{1}{\sqrt{x}}\right)\mathrm{d}x$; (4) $\int \dfrac{(x+1)(x-2)}{x^2}\,\mathrm{d}x$.

3. 计算下列定积分:

(1) $\int_1^2 \left(x^2 + \dfrac{1}{x^4}\right)\mathrm{d}x$; (2) $\int_1^9 \left(\sqrt{x} + \dfrac{1}{\sqrt{x}}\right)\mathrm{d}x$;

(3) $\int_{-1}^2 |x|\,\mathrm{d}x$; (4) $\int_0^1 \left(\dfrac{\mathrm{e}^x + 1}{2}\right)\mathrm{d}x$.

4. 计算下列不定积分:

(1) $\int \dfrac{x}{\sqrt{2-x^2}}\,\mathrm{d}x$; (2) $\int \dfrac{1}{1+\mathrm{e}^x}\,\mathrm{d}x$;

(3) $\int \sin^3 x\,\mathrm{d}x$; (4) $\int \dfrac{1}{1+\sqrt{2x}}\,\mathrm{d}x$;

(5) $\int x\sin x\,\mathrm{d}x$; (6) $\int \mathrm{e}^{\sqrt{x}}\,\mathrm{d}x$.

5. 计算下列定积分：

(1) $\int_1^{\mathrm{e}} \dfrac{1}{x(1+\ln x)}\,\mathrm{d}x$; (2) $\int_{-1}^{1} \dfrac{x^3\sin^2 x}{x^4+x^2+5}\,\mathrm{d}x$;

(3) $\int_0^{\frac{\pi}{2}} \cos^2 x\,\mathrm{d}x$; (4) $\int_0^1 x\sqrt{1-x^2}\,\mathrm{d}x$;

(5) $\int_0^1 \sqrt{1-x^2}\,\mathrm{d}x$; (6) $\int_0^1 \dfrac{\sqrt{x}}{1+\sqrt{x}}\,\mathrm{d}x$;

(7) $\int_0^1 x\mathrm{e}^{-x}\,\mathrm{d}x$; (8) $\int_0^{\frac{\pi}{2}} x\cos x\,\mathrm{d}x$.

6. 计算下列各曲线所围成的图形的面积：

(1) 曲线 $y=\sqrt{x}$ 与直线 $y=x$；

(2) 曲线 $y=\mathrm{e}^x$ 与直线 $x=0, y=\mathrm{e}$.

 阅读材料

牛顿与莱布尼茨之争

牛顿与莱布尼茨关于微积分的发明权之争是数学史上著名的争论.这场争论不仅涉及两位伟大科学家的个人荣誉,也反映了当时科学界的竞争和学术交流的复杂性.

牛顿是英国的物理学家、数学家、哲学家,他关于微积分的研究早在17世纪60年代就开始了,但他并没有立即公开发表他的研究.直到1687年,他在《自然哲学的数学原理》中首次公开发表了他关于微积分的研究,其中包含了关于求流数(导数)和积分的方法.

与此同时,德国的哲学家和数学家莱布尼茨也在独立地研究微积分.他于1684年正式发表了他的微积分理论及使用的符号,如 d,dx 等,这些理论和符号后来成为现代微积分的基础.莱布尼茨的方法更加系统和完整,并且他在学术界广泛传播了自己的工作.

两位科学家的工作在研究方法和使用的符号上有所不同,但本质上是相同的.在17世纪90年代,关于谁首先发明微积分的争论开始公开化.支持牛顿的人认为牛顿早在莱布尼茨发表成果之前就已经发展了相关理论.而莱布尼茨的支持者则强调莱布尼茨的符号和理论对微积分的发展更为重要.后来的历史学家普遍认为牛顿和莱布尼茨都是独立发明微积分的,他们都是微积分发展的重要贡献者,他们的工作共同奠定了现代数学的基础.

百科全书式的全才——牛顿

牛顿(Newton,1643—1727),英国著名的物理学家、数学家、哲学家,著有《自然哲学的数学原理》《光学》等.

牛顿对万有引力定律和牛顿三大运动定律进行了描述,建立了经典力学的基本体系.在光学方面,他发明了反射望远镜,并基于对三棱镜将白光发散成可见光谱的观察,发展出了颜色理论.他还系统地表述了冷却定律,并研究了音速.在数学方面,牛顿与莱布尼茨共享了发明微积分的荣誉,证明了广义二项式定理,提出了牛顿法以趋近函数的零点,并为幂级数的研究做出了贡献.在经济学方面,牛顿提出了金本位制度等.所以牛顿被称为"百科全书式的全才".

第3章 线性方程组与矩阵

从本章开始,我们将利用两章的篇幅介绍线性代数中的相关内容.本章我们从最简单的二元一次线性方程组开始学习一般线性方程组的概念及解法,并由此讨论矩阵的相关概念及运算.

§3.1 线性方程组

一、线性的含义

在平面直角坐标系中,二元一次方程的图象(坐标能满足方程的点集)是一条直线.比如,方程
$$2x-y=3, 即 y=2x-3$$
表示平面上过点$(0,-3)$且斜率为2的一条直线.一般地,形如$ax+by=c$的方程(a,b,c为常数且a,b不同时为0),其全部解在平面上构成一条直线,此时x,y之间呈线性关系,方程$ax+by=c$称为线性方程.

推而广之,含有n个变量的一次方程
$$k_1x_1+k_2x_2+\cdots+k_nx_n=b$$
称为n元线性方程,其中$x_1,x_2,\cdots,x_n$是变量,$k_1,k_2,\cdots,k_n,b$是常数.变量$x_1,x_2,\cdots,x_n$之间呈线性关系.

二、n元线性方程组

由线性方程联立而成的方程组称为线性方程组.如果方程组中含有n个未知数,我们就称为n元线性方程组.

例3.1 "鸡兔同笼"问题是我国古代著名趣题之一.大约1 500年前,我国古代数学名著《孙子算经》中记载了一道数学趣题,这就是著名的"鸡兔同笼"问题.书中是这样叙述的:今有鸡兔同笼,上有三十五头,下有九十四足,问鸡兔各几何? 意思就是:笼子里有若干只鸡和兔,从上面数,头有35个,从下面数,脚有94只,问鸡和兔各有多少只?

这个问题在小学阶段属于较难题的范畴,但是到了初中阶段,学过用方程解决问题后,"鸡兔同笼"问题就变得很简单了.

解 假设鸡有 x 只,兔有 y 只,由题意可得方程组
$$\begin{cases} x+y=35, \\ 2x+4y=94. \end{cases}$$
由第一个方程可以得到
$$y=35-x,$$
代入第二个方程得
$$2x+4(35-x)=94.$$
可以解得 $x=23, y=12$. 所以鸡有 23 只,兔有 12 只.

上面的方程组中有两个变量,称为二元线性方程组. 下面我们再来看一个三元线性方程组的例子.

例 3.2 假设一个储蓄罐里有 1 角、5 角和 1 元硬币共 45 枚,总价值 26 元. 已知 1 元硬币比 1 角的多 5 枚,问 1 角、5 角和 1 元硬币各有多少枚?

解 设 1 角硬币有 x 枚,5 角硬币有 y 枚,1 元硬币有 z 枚,根据题意,可以建立以下三元线性方程组:
$$\begin{cases} x+y+z=45, \\ 0.1x+0.5y+z=26, \\ -x+z=5. \end{cases} \tag{3.1}$$
将第二个方程乘 10 得
$$\begin{cases} x+y+z=45, \\ x+5y+10z=260, \\ -x+z=5. \end{cases}$$
再将第一个方程的 -5 倍加到第二个方程得
$$\begin{cases} x+y+z=45, \\ -4x+5z=35, \\ -x+z=5. \end{cases}$$
然后将第三个方程的 -4 倍加到第二个方程得
$$\begin{cases} x+y+z=45, \\ z=15, \\ -x+z=5. \end{cases}$$
将第二个方程代入第三个方程得
$$\begin{cases} x+y+z=45, \\ z=15, \\ x=10. \end{cases}$$

所以这个方程组的解为 $x=10, y=20, z=15$.

在上面的二元线性方程组和三元线性方程组中,方程的个数与未知量的个数相等,我们分别用中学所学的代入消元法和加减消元法进行了求解,得到的解是唯一确定的.但在实际生产和生活中,我们往往遇到的是更一般的线性方程组.例如,我国古代数学家张丘建在《张丘建算经》一书中曾提出过著名的"百钱买百鸡"问题.该问题叙述如下:

鸡翁一,值钱五;鸡母一,值钱三;鸡雏三,值钱一.百钱买百鸡,则翁、母、雏各几何? 意思就是:公鸡 5 文钱一只,母鸡 3 文钱一只,小鸡 1 文钱三只,如果用 100 文钱买 100 只鸡,那么公鸡、母鸡和小鸡各多少只?

假设公鸡、母鸡、小鸡的数量分别为 x, y, z. 这三者应该满足以下关系:

$$\begin{cases} x+y+z=100, \\ 5x+3y+\dfrac{z}{3}=100. \end{cases}$$

这里有三个变量、两个方程,是一个不定方程问题.

在实际生产和生活中,不仅会出现上述方程个数与未知数个数相等或比未知数个数少的情况,也会出现方程个数多于未知数个数的情况,我们将研究这种一般的线性方程组及其解法.

定义 3.1 一般地,我们把有 m 个方程和 n 个未知量 $x_1, x_2, \cdots, x_n$ 的线性方程组写为

$$\begin{cases} a_{11}x_1+a_{12}x_2+\cdots+a_{1n}x_n=b_1, \\ a_{21}x_1+a_{22}x_2+\cdots+a_{2n}x_n=b_2, \\ \qquad\qquad\qquad\vdots \\ a_{m1}x_1+a_{m2}x_2+\cdots+a_{mn}x_n=b_m, \end{cases} \quad (3.2)$$

其中 a_{ij} 为系数,b_i 为常数项 $(i=1,2,\cdots,m; j=1,2,\cdots,n)$.

常数项全为 0 的线性方程组称为齐次线性方程组;否则,称为非齐次线性方程组.能使每个方程都成为恒等式的一组数:$x_1=k_1, x_2=k_2, \cdots, x_n=k_n$ 称为该方程组的一个解.若这样的数组不存在,则称该方程组无解.方程组的所有解构成的集合称为该方程组的解集.规定无解方程组的解集为空集.

三、高斯-若尔当消元法

对于一般的线性方程组怎么求解? 我们希望得到一个对所有方程组都适用的通法,也就是将中学所学的方法一般化和规范化.这个方法是高斯和若尔当在 1800 年左右建立的,称为高斯-若尔当消元法.下面以三元

一次方程组为例来说明这个方法,先看一个特殊的方程组.

例 3.3 解方程组 $\begin{cases} x+2y+3z=1, \\ y+2z=2, \\ z=3. \end{cases}$

解 这是一个阶梯形的方程组,容易看出这个方程组有唯一解,它的解为

$$\begin{cases} x=0, \\ y=-4, \\ z=3. \end{cases}$$

对于不是阶梯形的方程组,我们能否在不改变方程组解的情况下将其化成阶梯形的方程组来求解呢？以下通过例子来说明.

例 3.4 再解例 3.2 中的线性方程组

$$\begin{cases} x+y+z=45, \\ 0.1x+0.5y+z=26, \\ -x+z=5. \end{cases}$$

解 首先,将第二个方程乘 10,得方程组

$$\begin{cases} x+y+z=45, \\ x+5y+10z=260, \\ -x+z=5. \end{cases} \qquad ①$$

将方程组的第一个方程乘 -1 加到第二个方程,将第一个方程加到第三个方程,得方程组

$$\begin{cases} x+y+z=45, \\ 4y+9z=215, \\ y+2z=50. \end{cases} \qquad ②$$

交换第二个方程和第三个方程的位置,得方程组

$$\begin{cases} x+y+z=45, \\ y+2z=50, \\ 4y+9z=215. \end{cases} \qquad ③$$

将第二个方程乘 -4 加到第三个方程,得方程组

$$\begin{cases} x+y+z=45, \\ y+2z=50, \\ z=15. \end{cases} \qquad ④$$

将第三个方程乘 -1 加到第一个方程,将第三个方程乘 -2 加到第二个方程,得方程组

$$\begin{cases} x+y=30, \\ y=20, \\ z=15. \end{cases} \quad ⑤$$

将第二个方程乘 -1 加到第一个方程,得方程组的解为

$$\begin{cases} x=10, \\ y=20, \\ z=15. \end{cases} \quad ⑥$$

上述求解过程可以分成两个阶段:①~④的"消元"阶段和⑤~⑥的"回代"阶段.所采用的办法就是对方程组反复进行"同解变换",直至得到方程组的解,这就是高斯-若尔当消元法过程.高斯消元法是将线性方程组化成形如④式的阶梯形方程组求解.若尔当在此基础上将方程组继续化简,得到形如⑥式的简化阶梯形方程组,进而它可以更直接地求出方程组的解.

例 3.5 解线性方程组 $\begin{cases} x+2y+3z=1, \\ 2x+3y+2z=2, \\ 3x+2y-7z=3. \end{cases}$

解 首先,将方程组的第一个方程乘 -2 加到第二个方程,然后将第一个方程乘 -3 加到第三个方程,得方程组

$$\begin{cases} x+2y+3z=1, \\ -y-4z=0, \\ -4y-16z=0. \end{cases}$$

将第二个方程乘 -4 加到第三个方程,得方程组

$$\begin{cases} x+2y+3z=1, \\ -y-4z=0, \\ 0=0. \end{cases}$$

将第二个方程乘 2 加到第一个方程,并将第二个方程乘 -1,得方程组

$$\begin{cases} x-5z=1, \\ y+4z=0. \end{cases}$$

移项得

$$\begin{cases} x=1+5z, \\ y=-4z. \end{cases}$$

对 z 任意取值,可确定相应的 x,y 值,它们构成原方程组的解.可见此方程组有无穷多组解,且可表示为

$$\begin{cases} x = 1+5k, \\ y = -4k, \\ z = k, \end{cases}$$

其中 k 为任意常数.

例 3.6 解线性方程组 $\begin{cases} 2x+y+z=1, \\ x-2y+3z=3, \\ 3x+y+2z=4. \end{cases}$

解 首先,交换第一个方程和第二个方程的位置,得方程组

$$\begin{cases} x-2y+3z=3, \\ 2x+y+z=1, \\ 3x+y+2z=4. \end{cases}$$

将方程组的第一个方程乘 -2 加到第二个方程,然后将第一个方程乘 -3 加到第三个方程,得方程组

$$\begin{cases} x-2y+3z=3, \\ 5y-5z=-5, \\ 7y-7z=-5. \end{cases}$$

将第二个方程乘 $-\dfrac{7}{5}$ 加到第三个方程,得方程组

$$\begin{cases} x-2y+3z=3, \\ 5y-5z=-5, \\ 0=2. \end{cases}$$

所以方程组无解.

在上面三个线性方程组求解的过程中,我们总要先通过一些变换,将方程组化为容易求解的阶梯形同解方程组.这些变换可以归纳为以下三种变换:

(1) 交换两个方程的位置;

(2) 某一个方程乘一个非零常数;

(3) 一个方程乘非零常数加到另一个方程上.

用高斯-若尔当消元法求方程组的解的过程就是反复施行上面三种变换将方程组化成阶梯形的同解方程组的过程.为叙述方便,我们将上面三种变换称为线性方程组的初等变换.

§3.2 矩阵及其初等变换

一、矩阵的概念

在前述的高斯-若尔当消元法中,我们不难发现未知量并没有参与运算,实际参与运算的只有系数和常数项,所以一个线性方程组是由其系数和常数项唯一确定的,或者说方程组与其系数和常数项构成的数表之间存在一一对应关系.比如,

$$\begin{cases} 2x+3y+2z=2, \\ x+2y+3z=1, \\ 3x+2y+z=11 \end{cases}$$

可以用数表

$$\begin{pmatrix} 2 & 3 & 2 & 2 \\ 1 & 2 & 3 & 1 \\ 3 & 2 & 1 & 11 \end{pmatrix}$$

表示.

在日常生活中,也有很多这样的例子.比如,某宿舍四位同学的期末考试成绩见表 3.1.

表 3.1 四位同学的期末考试成绩

(单位:分)

姓名	高等数学	大学英语	思想道德与法治	智能办公及应用	体育
张三	94	86	91	90	84
李四	86	90	83	91	80
王五	75	74	78	88	90
赵六	88	82	78	86	85

如果我们用 $a_{ij}(i=1,2,3,4;j=1,2,3,4,5)$ 表示第 i 位同学第 j 门课程的成绩,这样就能把成绩表写成一个 4 行 5 列的数表

$$\text{学生姓名} \begin{pmatrix} \overbrace{94 \quad 86 \quad 91 \quad 90 \quad 84}^{\text{各科成绩}} \\ 86 \quad 90 \quad 83 \quad 91 \quad 80 \\ 75 \quad 74 \quad 78 \quad 88 \quad 90 \\ 88 \quad 82 \quad 78 \quad 86 \quad 85 \end{pmatrix}$$

这种用数表来表示某种状态或数量关系的情况在自然科学、工程技术以及实际生活中很是常见.这种数表我们称为矩阵.

定义 3.2 由 $m \times n$ 个数 $a_{ij}(i=1,2,\cdots,m;j=1,2,\cdots,n)$ 排成的 m 行 n 列的数表

$$\begin{pmatrix} a_{11} & a_{12} & \cdots & a_{1n} \\ a_{21} & a_{22} & \cdots & a_{2n} \\ \vdots & \vdots & & \vdots \\ a_{m1} & a_{m2} & \cdots & a_{mn} \end{pmatrix}$$

称为一个 $m \times n$ 矩阵.其中,位于第 i 行第 j 列的数 $a_{ij}(i=1,2,\cdots,m;j=1,2,\cdots,n)$ 称为矩阵的元素.每个元素都为实数的矩阵称为实矩阵,元素中含有复数的矩阵称为复矩阵.本书中的矩阵除特别说明外,均指实矩阵.上述矩阵还可简记为 $(a_{ij})_{m \times n}$ 或 (a_{ij}).矩阵通常用黑体大写英文字母 $\boldsymbol{A}$,$\boldsymbol{B}$,$\boldsymbol{C}$ 等表示.

特别地,只有一列的矩阵 $\begin{pmatrix} a_1 \\ a_2 \\ \vdots \\ a_n \end{pmatrix}$ 称为列矩阵,只有一行的矩阵 $(a_1 \quad a_2 \quad \cdots \quad a_n)$ 称为行矩阵,行矩阵 $(a_1 \quad a_2 \quad \cdots \quad a_n)$ 有时也记作 $(a_1,a_2,\cdots,a_n)$.

二、几种特殊的矩阵

(1) **零矩阵** 每个元素都是 0 的矩阵称为零矩阵,记作 $\boldsymbol{O}_{m \times n}$ 或 $\boldsymbol{O}$.

(2) **方阵** 行数与列数都为 n 的矩阵称为 n 阶方阵.

(3) **三角阵** 主对角线(从左上角到右下角的直线)下侧(或上侧)的所有元素全为零的方阵称为上(或下)三角阵.上、下三角阵的一般形式分别为

$$\begin{pmatrix} a_{11} & a_{12} & \cdots & a_{1n} \\ 0 & a_{22} & \cdots & a_{2n} \\ \vdots & \vdots & & \vdots \\ 0 & 0 & \cdots & a_{nn} \end{pmatrix} 与 \begin{pmatrix} a_{11} & 0 & \cdots & 0 \\ a_{21} & a_{22} & \cdots & 0 \\ \vdots & \vdots & & \vdots \\ a_{n1} & a_{n2} & \cdots & a_{nn} \end{pmatrix}.$$

上、下三角阵统称为三角阵.

(4) **对角矩阵** 主对角线以外的元素全为零的方阵称为对角矩阵,其一般形式为

$$\begin{pmatrix} a_{11} & 0 & \cdots & 0 \\ 0 & a_{22} & \cdots & 0 \\ \vdots & \vdots & & \vdots \\ 0 & 0 & \cdots & a_{nn} \end{pmatrix},$$

有时也记作 $\text{diag}(a_{11},a_{22},\cdots,a_{nn})$.

特别地，主对角线上的元素全为 1 的对角矩阵

$$\begin{pmatrix} 1 & 0 & \cdots & 0 \\ 0 & 1 & \cdots & 0 \\ \vdots & \vdots & & \vdots \\ 0 & 0 & \cdots & 1 \end{pmatrix}$$

称为 n 阶单位矩阵，记作 $\boldsymbol{I}_n$，简记为 $\boldsymbol{I}$.

三、矩阵的初等变换

已知方程组

$$\begin{cases} a_{11}x_1+a_{12}x_2+\cdots+a_{1n}x_n=b_1, \\ a_{21}x_1+a_{22}x_2+\cdots+a_{2n}x_n=b_2, \\ \quad\quad\quad\quad\quad \vdots \\ a_{m1}x_1+a_{m2}x_2+\cdots+a_{mn}x_n=b_m, \end{cases}$$

由系数 a_{ij} 与常数项 $b_i(i=1,2,\cdots,m;j=1,2,\cdots,n)$ 组成的矩阵

$$\boldsymbol{A}=\begin{pmatrix} a_{11} & a_{12} & \cdots & a_{1n} \\ a_{21} & a_{22} & \cdots & a_{2n} \\ \vdots & \vdots & & \vdots \\ a_{m1} & a_{m2} & \cdots & a_{mn} \end{pmatrix} \text{与} \overline{\boldsymbol{A}}=\begin{pmatrix} a_{11} & a_{12} & \cdots & a_{1n} & b_1 \\ a_{21} & a_{22} & \cdots & a_{2n} & b_2 \\ \vdots & \vdots & & \vdots & \vdots \\ a_{m1} & a_{m2} & \cdots & a_{mn} & b_m \end{pmatrix}$$

分别称为方程组的系数矩阵和增广矩阵.

下面，我们将利用矩阵这一工具来研究线性方程组. 先通过下面的对照分析表(表 3.2)了解例 3.4 中利用高斯-若尔当消元法解方程组的过程是如何通过矩阵来实现的.

表 3.2　高斯-若尔当消元法和矩阵法解方程组对照分析表

高斯-若尔当消元法	矩阵法
$\begin{cases} x+y+z=45, \\ 0.1x+0.5y+z=26, \\ -x+z=5 \end{cases}$	$\begin{pmatrix} 1 & 1 & 1 & \vdots & 45 \\ 0.1 & 0.5 & 1 & \vdots & 26 \\ -1 & 0 & 1 & \vdots & 5 \end{pmatrix}$
第二个方程乘10 $\longrightarrow$ $\begin{cases} x+y+z=45, \\ x+5y+10z=260, \\ -x+z=5 \end{cases}$	第二行乘10 $\longrightarrow$ $\begin{pmatrix} 1 & 1 & 1 & \vdots & 45 \\ 1 & 5 & 10 & \vdots & 260 \\ -1 & 0 & 1 & \vdots & 5 \end{pmatrix}$

续表

高斯-若尔当消元法	矩阵法
$\xrightarrow[\text{加到第三个方程}]{\substack{\text{第一个方程乘}-1\\ \text{加到第二个方程}\\ \text{第一个方程}}} \begin{cases} x+y+z=45,\\ 4y+9z=215,\\ y+2z=50 \end{cases}$	$\xrightarrow[\substack{\text{第一行加到}\\ \text{第三行}}]{\substack{\text{第一行乘}-1\\ \text{加到第二行}}} \begin{pmatrix} 1 & 1 & 1 & \vdots & 45 \\ 0 & 4 & 9 & \vdots & 215 \\ 0 & 1 & 2 & \vdots & 50 \end{pmatrix}$
$\xrightarrow[\text{和第三个方程}]{\text{交换第二个方程}} \begin{cases} x+y+z=45,\\ y+2z=50,\\ 4y+9z=215 \end{cases}$	$\xrightarrow[\text{与第三行}]{\text{交换第二行}} \begin{pmatrix} 1 & 1 & 1 & \vdots & 45 \\ 0 & 1 & 2 & \vdots & 50 \\ 0 & 4 & 9 & \vdots & 215 \end{pmatrix}$
$\xrightarrow[\text{加到第三个方程}]{\text{第二个方程乘}-4} \begin{cases} x+y+z=45,\\ y+2z=50,\\ z=15 \end{cases}$	$\xrightarrow[\text{加到第三行}]{\text{第二行乘}-4} \begin{pmatrix} 1 & 1 & 1 & \vdots & 45 \\ 0 & 1 & 2 & \vdots & 50 \\ 0 & 0 & 1 & \vdots & 15 \end{pmatrix}$
$\xrightarrow[\substack{\text{第三个方程乘}-2\\ \text{加到第二个方程}}]{\substack{\text{第三个方程乘}-1\\ \text{加到第一个方程}}} \begin{cases} x+y=30,\\ y=20,\\ z=15 \end{cases}$	$\xrightarrow[\substack{\text{第三行乘}-2\\ \text{加到第二行}}]{\substack{\text{第三行乘}-1\\ \text{加到第一行}}} \begin{pmatrix} 1 & 1 & 0 & \vdots & 30 \\ 0 & 1 & 0 & \vdots & 20 \\ 0 & 0 & 1 & \vdots & 15 \end{pmatrix}$
$\xrightarrow[\text{加到第一个方程}]{\text{第二个方程乘}-1} \begin{cases} x=10,\\ y=20,\\ z=15 \end{cases}$	$\xrightarrow[\text{加到第一行}]{\text{第二行乘}-1} \begin{pmatrix} 1 & 0 & 0 & \vdots & 10 \\ 0 & 1 & 0 & \vdots & 20 \\ 0 & 0 & 1 & \vdots & 15 \end{pmatrix}$
所以方程组的解为 $\begin{cases} x=10,\\ y=20,\\ z=15 \end{cases}$	所以方程组的解为 $\begin{cases} x=10,\\ y=20,\\ z=15 \end{cases}$

从上面的对照过程中我们不难发现,用高斯-若尔当消元法求方程组的解的过程(对方程组实施初等变换)就是对它的增广矩阵施以相应的行变换的过程.对应于方程组的三种初等变换,我们给出矩阵初等变换的概念.

定义 3.3 对矩阵的行所实施的下述三种变换,称为矩阵的行初等变换:

(1) 对换变换:交换矩阵的第 i 行与第 j 行(记作 $r_i \leftrightarrow r_j$);

(2) 倍乘变换:矩阵的第 i 行的所有元素乘非零常数 k(记作 kr_i);

(3) 倍加变换:矩阵第 i 行的所有元素乘非零常数 k 后加到第 j 行的对应元素上(记作 $kr_i + r_j$).

若将定义中的"行"换成"列",即得矩阵的列初等变换,则以上三种变换相应地记为 $c_i \leftrightarrow c_j, kc_i$ 和 $kc_i + c_j$.

行初等变换和列初等变换统称为矩阵的初等变换.

注意到用高斯-若尔当消元法解方程过程中阶梯形方程组和简化的阶梯形方程组对应的矩阵形式也比较特殊,且都是由矩阵经过行初等变换得到的,相应地,我们将其称为行阶梯形矩阵和行最简形矩阵.具体定义如下:

定义 3.4 若一个矩阵满足如下条件:

(1) 如果存在零行(元素全为 0 的行),那么零行全在非零行的下方;

(2) 当非零行的非零首元(第一个不为零的元素)位于第 j 列时,该行以下每一行(若存在)的前 j 个元素全为零.

则称这样的矩阵为行阶梯形矩阵.

若行阶梯形矩阵的每一个非零行的非零首元为 1,且它所在列的其他元素均为 0,则称这样的矩阵为行最简形矩阵.

例如,下列矩阵

$$A=\begin{pmatrix}1 & 2 & 0 & 2\\ 0 & 0 & 1 & 1\\ 0 & 0 & 0 & 0\\ 0 & 0 & 0 & 0\end{pmatrix}, B=\begin{pmatrix}1 & 0 & 0 & 4\\ 0 & 3 & 0 & 3\\ 0 & 0 & 1 & 2\end{pmatrix}, C=\begin{pmatrix}7 & 5 & 4 & 1\\ 0 & 2 & 0 & 1\\ 0 & 0 & 2 & 1\\ 0 & 0 & 0 & 3\end{pmatrix},$$

$$D=\begin{pmatrix}1 & 3 & 4 & 5\\ 0 & 4 & 3 & 2\\ 0 & 1 & -1 & 2\\ 0 & 0 & 0 & 1\end{pmatrix}$$

中,A,B,C 三个矩阵都是行阶梯形矩阵,且 A 是行最简形矩阵,D 不是行阶梯形矩阵.

显然,用有限次行初等变换可以把任何矩阵化为行阶梯形矩阵,也可以进一步化为行最简形矩阵.

定理 3.1 对一个线性方程组的增广矩阵作一系列行初等变换,以所得的矩阵作为增广矩阵的线性方程组与原方程组同解.

所以我们可以通过对线性方程组的增广矩阵(非齐次线性方程组)或系数矩阵(齐次线性方程组)作行初等变换,将其化为行阶梯形或行最简形矩阵求线性方程组的解.

例 3.7 再解例 3.5 的线性方程组

$$\begin{cases}x+2y+3z=1,\\ 2x+3y+2z=2,\\ 3x+2y-7z=3.\end{cases}$$

解 方程组的增广矩阵为 $\overline{A}=\begin{pmatrix} 1 & 2 & 3 & | & 1 \\ 2 & 3 & 2 & | & 2 \\ 3 & 2 & -7 & | & 3 \end{pmatrix}$,将它化为行最简形矩阵的过程为

$$\overline{A}=\begin{pmatrix} 1 & 2 & 3 & | & 1 \\ 2 & 3 & 2 & | & 2 \\ 3 & 2 & -7 & | & 3 \end{pmatrix} \xrightarrow[-3r_1+r_3]{-2r_1+r_2} \begin{pmatrix} 1 & 2 & 3 & | & 1 \\ 0 & -1 & -4 & | & 0 \\ 0 & -4 & -16 & | & 0 \end{pmatrix}$$

$$\xrightarrow{-4r_2+r_3} \begin{pmatrix} 1 & 2 & 3 & | & 1 \\ 0 & -1 & -4 & | & 0 \\ 0 & 0 & 0 & | & 0 \end{pmatrix} \xrightarrow[-r_2]{2r_2+r_1} \begin{pmatrix} 1 & 0 & -5 & | & 1 \\ 0 & 1 & 4 & | & 0 \\ 0 & 0 & 0 & | & 0 \end{pmatrix}.$$

所以原方程组的同解方程组为

$$\begin{cases} x-5z=1, \\ y+4z=0. \end{cases}$$

移项得

$$\begin{cases} x=1+5z, \\ y=-4z. \end{cases}$$

对 z 任意取值,可确定相应的 x,y 值,它们构成原方程组的解.可见此方程组有无穷多组解,且可表示为

$$\begin{cases} x=1+5k, \\ y=-4k, \\ z=k, \end{cases}$$

其中 k 为任意常数.

例 3.8 再解例 3.6 的线性方程组

$$\begin{cases} 2x+y+z=1, \\ x-2y+3z=3, \\ 3x+y+2z=4. \end{cases}$$

解 方程组的增广矩阵为 $\overline{A}=\begin{pmatrix} 2 & 1 & 1 & | & 1 \\ 1 & -2 & 3 & | & 3 \\ 3 & 1 & 2 & | & 4 \end{pmatrix}$,将它化为行最简形矩阵的过程为

$$\overline{\boldsymbol{A}} = \begin{pmatrix} 2 & 1 & 1 & \vdots & 1 \\ 1 & -2 & 3 & \vdots & 3 \\ 3 & 1 & 2 & \vdots & 4 \end{pmatrix} \xrightarrow{r_1 \leftrightarrow r_2} \begin{pmatrix} 1 & -2 & 3 & \vdots & 3 \\ 2 & 1 & 1 & \vdots & 1 \\ 3 & 1 & 2 & \vdots & 4 \end{pmatrix} \xrightarrow[-3r_1+r_3]{-2r_1+r_2} \begin{pmatrix} 1 & -2 & 3 & \vdots & 3 \\ 0 & 5 & -5 & \vdots & -5 \\ 0 & 7 & -7 & \vdots & -5 \end{pmatrix}$$

$$\xrightarrow{\frac{1}{5}r_2} \begin{pmatrix} 1 & -2 & 3 & \vdots & 3 \\ 0 & 1 & -1 & \vdots & -1 \\ 0 & 7 & -7 & \vdots & -5 \end{pmatrix} \xrightarrow{-7r_2+r_3} \begin{pmatrix} 1 & -2 & 3 & \vdots & 3 \\ 0 & 1 & -1 & \vdots & -1 \\ 0 & 0 & 0 & \vdots & 2 \end{pmatrix}.$$

所以原方程组的同解方程组为

$$\begin{cases} x - 2y + 3z = 3, \\ y - z = -1, \\ 0 = 2. \end{cases}$$

由第三个方程知方程组无解.

例 3.9 用矩阵的初等变换求解下列线性方程组：

(1) $\begin{cases} x_1 + 2x_2 + 3x_3 + x_4 = 5, \\ 2x_1 + 4x_2 - x_4 = -3, \\ -x_1 - 2x_2 + 3x_3 + 2x_4 = 8, \\ x_1 + 2x_2 - 9x_3 - 5x_4 = -21; \end{cases}$ (2) $\begin{cases} x_1 + 2x_2 + 3x_3 = 0, \\ 3x_1 + 6x_2 + 10x_3 = 0, \\ 2x_1 + 5x_2 + 7x_3 = 0, \\ x_1 + 2x_2 + 4x_3 = 0. \end{cases}$

解 (1) 方程组的增广矩阵 $\overline{\boldsymbol{A}} = \begin{pmatrix} 1 & 2 & 3 & 1 & \vdots & 5 \\ 2 & 4 & 0 & -1 & \vdots & -3 \\ -1 & -2 & 3 & 2 & \vdots & 8 \\ 1 & 2 & -9 & -5 & \vdots & -21 \end{pmatrix}$,将它

化为行最简形矩阵的过程为

$$\overline{\boldsymbol{A}} \xrightarrow[-r_1+r_4]{-2r_1+r_2, r_1+r_3} \begin{pmatrix} 1 & 2 & 3 & 1 & \vdots & 5 \\ 0 & 0 & -6 & -3 & \vdots & -13 \\ 0 & 0 & 6 & 3 & \vdots & 13 \\ 0 & 0 & -12 & -6 & \vdots & -26 \end{pmatrix}$$

$$\xrightarrow[-2r_2+r_4]{r_2+r_3} \begin{pmatrix} 1 & 2 & 3 & 1 & \vdots & 5 \\ 0 & 0 & -6 & -3 & \vdots & -13 \\ 0 & 0 & 0 & 0 & \vdots & 0 \\ 0 & 0 & 0 & 0 & \vdots & 0 \end{pmatrix}$$

$$\xrightarrow{-\frac{1}{6}r_2} \begin{pmatrix} 1 & 2 & 3 & 1 & \vdots & 5 \\ 0 & 0 & 1 & \frac{1}{2} & \vdots & \frac{13}{6} \\ 0 & 0 & 0 & 0 & \vdots & 0 \\ 0 & 0 & 0 & 0 & \vdots & 0 \end{pmatrix} \xrightarrow{-3r_2+r_1} \begin{pmatrix} 1 & 2 & 0 & -\frac{1}{2} & \vdots & -\frac{3}{2} \\ 0 & 0 & 1 & \frac{1}{2} & \vdots & \frac{13}{6} \\ 0 & 0 & 0 & 0 & \vdots & 0 \\ 0 & 0 & 0 & 0 & \vdots & 0 \end{pmatrix} = \boldsymbol{B}.$$

$\boldsymbol{B}$ 即为所求的行最简形矩阵,它是下面方程组(与原方程组同解)的增广矩阵:

$$\begin{cases} x_1+2x_2-\dfrac{1}{2}x_4=-\dfrac{3}{2}, \\ x_3+\dfrac{1}{2}x_4=\dfrac{13}{6}. \end{cases}$$

移项得

$$\begin{cases} x_1=-2x_2+\dfrac{1}{2}x_4-\dfrac{3}{2}, \\ x_3=-\dfrac{1}{2}x_4+\dfrac{13}{6}. \end{cases}$$

当 x_2,x_4 任取一组数时,可唯一地确定 x_1,x_3 的一组值,它们一起构成方程组的解.可见方程组有无穷多个解,它们可以表示为

$$\begin{cases} x_1=-2k_1+\dfrac{1}{2}k_2-\dfrac{3}{2}, \\ x_2=k_1, \\ x_3=-\dfrac{1}{2}k_2+\dfrac{13}{6}, \\ x_4=k_2. \end{cases}$$

其中 k_1,k_2 为任意常数.

(2) 方程组的系数矩阵为 $\boldsymbol{A}=\begin{pmatrix} 1 & 2 & 3 \\ 3 & 6 & 10 \\ 2 & 5 & 7 \\ 1 & 2 & 4 \end{pmatrix}$,将其化为行阶梯形矩阵:

$$\boldsymbol{A}=\begin{pmatrix} 1 & 2 & 3 \\ 3 & 6 & 10 \\ 2 & 5 & 7 \\ 1 & 2 & 4 \end{pmatrix} \xrightarrow[\substack{-2r_1+r_3 \\ -r_1+r_4}]{-3r_1+r_2} \begin{pmatrix} 1 & 2 & 3 \\ 0 & 0 & 1 \\ 0 & 1 & 1 \\ 0 & 0 & 1 \end{pmatrix} \xrightarrow[r_2 \leftrightarrow r_3]{-r_2+r_4} \begin{pmatrix} 1 & 2 & 3 \\ 0 & 1 & 1 \\ 0 & 0 & 1 \\ 0 & 0 & 0 \end{pmatrix}.$$

原方程组的同解方程组为

$$\begin{cases} x+2y+3z=0, \\ y+z=0, \\ z=0. \end{cases}$$

所以方程组仅有零解.

§3.3 矩阵的基本运算

矩阵之间可以进行运算,在讨论矩阵的运算之前,我们先给出矩阵相等的概念.

若 A 与 B 都是 $m \times n$ 矩阵,则称 A 与 B 为同型矩阵.

若矩阵 $A=(a_{ij})$ 和 $B=(b_{ij})$ 为同型矩阵,且对应位置上的元素都相等,即

$$a_{ij}=b_{ij}(i=1,2,\cdots,m;j=1,2,\cdots,n),$$

则称矩阵 A 和 B 相等,记为 $A=B$.

一、矩阵的加减法

引例 1 假设某连锁超市下设 4 个分店,总店向各分店分配大米、面粉、食用油和盐,第一天的分配情况见表 3.3,第二天的分配情况见表 3.4.

表 3.3 第一天商品分配明细表

分店	大米/袋	面粉/袋	食用油/桶	盐/包
分店 1	800	400	200	40
分店 2	750	300	150	50
分店 3	900	500	150	30
分店 4	1 000	200	240	30

表 3.4 第二天商品分配明细表

分店	大米/袋	面粉/袋	食用油/桶	盐/包
分店 1	900	300	200	30
分店 2	950	350	250	45
分店 3	800	400	300	45
分店 4	600	300	200	40

上面的两个分配明细表可以用矩阵分别表示为

$$A=\begin{pmatrix} 800 & 400 & 200 & 40 \\ 750 & 300 & 150 & 50 \\ 900 & 500 & 150 & 30 \\ 1\,000 & 200 & 240 & 30 \end{pmatrix} \text{和} \ B=\begin{pmatrix} 900 & 300 & 200 & 30 \\ 950 & 350 & 250 & 45 \\ 800 & 400 & 300 & 45 \\ 600 & 300 & 200 & 40 \end{pmatrix}.$$

如果想知道两天里各分店分配的每种商品的数量之和,可把上面两个矩阵同一位置上的数字相加,得到一个新的矩阵:

$$M = \begin{pmatrix} 1\,700 & 700 & 400 & 70 \\ 1\,700 & 650 & 400 & 95 \\ 1\,700 & 900 & 450 & 75 \\ 1\,600 & 500 & 440 & 70 \end{pmatrix}.$$

像这样,把矩阵 A 和 B 中相同位置上的元素加起来得到的矩阵用 $A+B$ 表示,称为 A 与 B 的和.

如果想知道各分店每种商品第二天比第一天多分配了多少,可将矩阵 B 和 A 相同位置上的元素相减,即为 $B-A$,得

$$N = \begin{pmatrix} 100 & -100 & 0 & -10 \\ 200 & 50 & 100 & -5 \\ -100 & -100 & 150 & 15 \\ -400 & 100 & -40 & 10 \end{pmatrix}.$$

我们给出如下定义:

定义 3.5 设 $A=(a_{ij})$,$B=(b_{ij})$ 都是 $m\times n$ 矩阵,称矩阵 $M=(a_{ij}+b_{ij})$ 为矩阵 A 与 B 的和,记作 $A+B$;称矩阵 $N=(a_{ij}-b_{ij})$ 为矩阵 A 与 B 的差,记作 $A-B$.

由定义可知,只有当两个矩阵是同型矩阵(两个矩阵的行数与列数分别相等)时,才能进行加减运算.

二、矩阵的数乘运算

下面介绍矩阵与数的乘积.

引例 2 设从甲、乙两地到城市Ⅰ、城市Ⅱ、城市Ⅲ的距离(单位:km)见表 3.5.

表 3.5 甲、乙两地与城市Ⅰ、城市Ⅱ、城市Ⅲ之间距离一览表

地区	城市Ⅰ	城市Ⅱ	城市Ⅲ
甲	90	70	120
乙	160	100	65

上表可以用下面 2×3 的矩阵表示为

$$A = \begin{pmatrix} 90 & 70 & 120 \\ 160 & 100 & 65 \end{pmatrix}.$$

已知货物的运费为每千米每吨 2 元,求各地之间每吨货物的运费,只

要将 A 中每个元素都乘 2，即得 $\begin{pmatrix} 180 & 140 & 240 \\ 320 & 200 & 130 \end{pmatrix}$.

这就是矩阵与数的乘法运算.

定义 3.6 设 $A=(a_{ij})$ 是 $m\times n$ 矩阵，λ 为给定的实数，称矩阵

$$C=(\lambda a_{ij})=\begin{pmatrix} \lambda a_{11} & \lambda a_{12} & \cdots & \lambda a_{1n} \\ \lambda a_{21} & \lambda a_{22} & \cdots & \lambda a_{2n} \\ \vdots & \vdots & & \vdots \\ \lambda a_{m1} & \lambda a_{m2} & \cdots & \lambda a_{mn} \end{pmatrix}$$

为实数 λ 与矩阵 A 相乘的积，记作 λA.

特别地，称矩阵 $\lambda I = \begin{pmatrix} \lambda & 0 & \cdots & 0 \\ 0 & \lambda & \cdots & 0 \\ \vdots & \vdots & & \vdots \\ 0 & 0 & \cdots & \lambda \end{pmatrix}$ 为数量矩阵.

矩阵的加减和数乘运算统称为矩阵的线性运算.由于矩阵的加减和数乘是矩阵的对应元素之间的运算，所以矩阵的线性运算本质上是数的运算.

矩阵的加法和数乘满足以下运算规律（A,B,C 表示矩阵，k,l 表示实数）：

(1) $A+B=B+A$；

(2) $(A+B)+C=A+(B+C)$；

(3) $A+O=A$；

(4) $A+(-A)=O$；

(5) $1A=A$；

(6) $k(lA)=(kl)A$；

(7) $(k+l)A=kA+lA$；

(8) $k(A+B)=kA+kB$；

(9) $kA=O \Leftrightarrow (k=0$ 或 $A=O)$.

例 3.10 某宿舍四位同学的平时成绩和期末考试成绩分别见表 3.6 和表 3.7.

表 3.6 四位同学的平时成绩

（单位：分）

学生	高等数学	大学英语	思想道德与法治	智能办公及应用	体育
张三	95	90	95	90	85
李四	90	95	85	85	85
王五	85	80	80	85	90
赵六	90	90	85	90	90

表 3.7　四位同学的期末考试成绩

（单位：分）

学生	高等数学	大学英语	思想道德与法治	智能办公及应用	体育
张三	94	86	91	90	84
李四	86	90	83	91	80
王五	75	74	78	88	90
赵六	88	82	78	86	85

按照平时成绩占总评成绩的 40%，期末考试成绩占总评成绩的 60%，计算这四位同学的总评成绩.

解　四位同学的平时成绩和期末考试成绩分别用矩阵表示为

$$A = \begin{pmatrix} 95 & 90 & 95 & 90 & 85 \\ 90 & 95 & 85 & 85 & 85 \\ 85 & 80 & 80 & 85 & 90 \\ 90 & 90 & 85 & 90 & 90 \end{pmatrix}, B = \begin{pmatrix} 94 & 86 & 91 & 90 & 84 \\ 86 & 90 & 83 & 91 & 80 \\ 75 & 74 & 78 & 88 & 90 \\ 88 & 82 & 78 & 86 & 85 \end{pmatrix}.$$

因此，按照平时成绩占总评成绩的 40%，期末考试成绩占总评成绩的 60% 计算，总评成绩可表示为

$$C = 0.4A + 0.6B = 0.4 \times \begin{pmatrix} 95 & 90 & 95 & 90 & 85 \\ 90 & 95 & 85 & 85 & 85 \\ 85 & 80 & 80 & 85 & 90 \\ 90 & 90 & 85 & 90 & 90 \end{pmatrix} + 0.6 \times \begin{pmatrix} 94 & 86 & 91 & 90 & 84 \\ 86 & 90 & 83 & 91 & 80 \\ 75 & 74 & 78 & 88 & 90 \\ 88 & 82 & 78 & 86 & 85 \end{pmatrix}$$

$$= \begin{pmatrix} 38 & 36 & 38 & 36 & 34 \\ 36 & 38 & 34 & 34 & 34 \\ 34 & 32 & 32 & 34 & 36 \\ 36 & 36 & 34 & 36 & 36 \end{pmatrix} + \begin{pmatrix} 56.4 & 51.6 & 54.6 & 54 & 50.4 \\ 51.6 & 54 & 49.8 & 54.6 & 48 \\ 45 & 44.4 & 46.8 & 52.8 & 54 \\ 52.8 & 49.2 & 46.8 & 51.6 & 51 \end{pmatrix}$$

$$= \begin{pmatrix} 94.4 & 87.6 & 92.6 & 90 & 84.4 \\ 87.6 & 92 & 83.8 & 88.6 & 82 \\ 79 & 76.4 & 78.8 & 86.8 & 90 \\ 88.8 & 85.2 & 80.8 & 87.6 & 87 \end{pmatrix}.$$

三、矩阵的乘法

下面再来看乘法运算.

引例 3　某文具店销售自动铅笔、中性笔和钢笔三种商品.八、九月份的销售量见表 3.8，每种商品的进货单价和销售单价见表 3.9.

表 3.8　某文具店三种商品八、九月份的销售量

(单位:支)

月份	自动铅笔	中性笔	钢笔
八月	300	200	100
九月	600	450	360

表 3.9　某文具店三种商品的进货单价和销售单价

(单位:元)

商品	进货单价	销售单价
自动铅笔	8	12
中性笔	1.5	3
钢笔	5	8

求八月份和九月份的总进货额与总销售额.

解　八月份的总进货额$=300\times8+200\times1.5+100\times5$;

九月份的总进货额$=600\times8+450\times1.5+360\times5$;

八月份的总销售额$=300\times12+200\times3+100\times8$;

九月份的总销售额$=600\times12+450\times3+360\times8$.

如果将表 3.8 和表 3.9 分别用矩阵 A, B 表示,得

$$A=\begin{pmatrix}300 & 200 & 100\\ 600 & 450 & 360\end{pmatrix}, B=\begin{pmatrix}8 & 12\\ 1.5 & 3\\ 5 & 8\end{pmatrix}.$$

定义矩阵

$$C=\begin{pmatrix}300\times8+200\times1.5+100\times5 & 300\times12+200\times3+100\times8\\ 600\times8+450\times1.5+360\times5 & 600\times12+450\times3+360\times8\end{pmatrix}$$

$$=\begin{pmatrix}3\,200 & 5\,000\\ 7\,275 & 11\,430\end{pmatrix},$$

即矩阵 C 中第 i 行第 j 列的元素等于 A 中第 i 行的元素与 B 中第 j 列的对应元素乘积的和.我们发现,矩阵 C 中的元素即为所求的数值.一般地,我们引入矩阵的乘法运算如下:

定义 3.7　设 $A=(a_{ij})$ 为 $m\times s$ 矩阵,$B=(b_{ij})$ 为 $s\times n$ 矩阵,那么称 $m\times n$ 矩阵 $C=(c_{ij})$ 为矩阵 A 与矩阵 B 的乘积,记作 $C=AB$,其中

$$c_{ij}=\sum_{k=1}^{s}a_{ik}b_{kj}(i=1,2,\cdots,m;j=1,2,\cdots,n).$$

由定义可知:

(1) 要使乘积 AB 有意义,矩阵 A 的列数必须与矩阵 B 的行数相等;

(2) 乘积 AB 的行数等于 A 的行数,列数等于 B 的列数.

例 3.11 设矩阵 $A = \begin{pmatrix} 1 & 0 \\ -1 & 1 \\ 0 & 5 \end{pmatrix}, B = \begin{pmatrix} 0 & 3 & 4 \\ 1 & 2 & 1 \end{pmatrix}$,求 AB 和 BA.

解 $AB = \begin{pmatrix} 1 & 0 \\ -1 & 1 \\ 0 & 5 \end{pmatrix} \begin{pmatrix} 0 & 3 & 4 \\ 1 & 2 & 1 \end{pmatrix}$

$= \begin{pmatrix} 1\times 0+0\times 1 & 1\times 3+0\times 2 & 1\times 4+0\times 1 \\ -1\times 0+1\times 1 & -1\times 3+1\times 2 & -1\times 4+1\times 1 \\ 0\times 0+5\times 1 & 0\times 3+5\times 2 & 0\times 4+5\times 1 \end{pmatrix}$

$= \begin{pmatrix} 0 & 3 & 4 \\ 1 & -1 & -3 \\ 5 & 10 & 5 \end{pmatrix},$

$BA = \begin{pmatrix} 0 & 3 & 4 \\ 1 & 2 & 1 \end{pmatrix} \begin{pmatrix} 1 & 0 \\ -1 & 1 \\ 0 & 5 \end{pmatrix}$

$= \begin{pmatrix} 0\times 1+3\times(-1)+4\times 0 & 0+3\times 1+4\times 5 \\ 1\times 1+2\times(-1)+1\times 0 & 1\times 0+2\times 1+1\times 5 \end{pmatrix}$

$= \begin{pmatrix} -3 & 23 \\ -1 & 7 \end{pmatrix}.$

例 3.12 设矩阵 $A = \begin{pmatrix} 2 & 4 \\ -3 & -6 \end{pmatrix}, B = \begin{pmatrix} -2 & 4 \\ 1 & -2 \end{pmatrix}, C = \begin{pmatrix} -4 & 8 \\ 2 & -4 \end{pmatrix}$,求 AB 和 AC.

解 $AB = \begin{pmatrix} 2 & 4 \\ -3 & -6 \end{pmatrix} \begin{pmatrix} -2 & 4 \\ 1 & -2 \end{pmatrix}$

$= \begin{pmatrix} 2\times(-2)+4\times 1 & 2\times 4+4\times(-2) \\ -3\times(-2)+(-6)\times 1 & (-3)\times 4+(-6)\times(-2) \end{pmatrix}$

$= \begin{pmatrix} 0 & 0 \\ 0 & 0 \end{pmatrix},$

$AC = \begin{pmatrix} 2 & 4 \\ -3 & -6 \end{pmatrix} \begin{pmatrix} -4 & 8 \\ 2 & -4 \end{pmatrix}$

$= \begin{pmatrix} 2\times(-4)+4\times 2 & 2\times 8+4\times(-4) \\ -3\times(-4)+(-6)\times 2 & (-3)\times 8+(-6)\times(-4) \end{pmatrix}$

$= \begin{pmatrix} 0 & 0 \\ 0 & 0 \end{pmatrix}.$

在例 3.11 中,我们可以看出矩阵的乘法一般不满足交换律,即一般 $AB \neq BA$.

若两个矩阵 A,B 恰好满足 $AB=BA$,则称 A,B 是可交换的.两个可交换的矩阵必然是同阶方阵.单位矩阵 I 与任何同阶方阵可交换.

在例 3.12 中,我们还看到,矩阵的乘法一般也不满足消去律,即当 $AB=AC$ 时,即使 $A \neq O$,也未必有 $B=C$ 成立.特别地,当 $AB=O$ 时,未必有 $A=O$ 或 $B=O$.

容易验证,矩阵的乘法满足以下运算律(假定运算都是有意义的):

(1) 结合律　$(AB)C=A(BC)$,$k(AB)=(kA)B=A(kB)$(k 为任意实数);

(2) 分配律　$A(B+C)=AB+AC$,$(B+C)A=BA+CA$;

(3) 设 A 为 $m \times n$ 矩阵,则 $I_m A = A I_n = A$.

四、矩阵的转置

把一个矩阵 A 的行和列互换,所得到的矩阵称为 A 的转置.矩阵的转置定义如下:

定义 3.8　设矩阵 $A = \begin{pmatrix} a_{11} & a_{12} & \cdots & a_{1n} \\ a_{21} & a_{22} & \cdots & a_{2n} \\ \vdots & \vdots & & \vdots \\ a_{m1} & a_{m2} & \cdots & a_{mn} \end{pmatrix}$,称矩阵 $\begin{pmatrix} a_{11} & a_{21} & \cdots & a_{m1} \\ a_{12} & a_{22} & \cdots & a_{m2} \\ \vdots & \vdots & & \vdots \\ a_{1n} & a_{2n} & \cdots & a_{mn} \end{pmatrix}$ 为 A 的转置矩阵,记作 A^T,也称 A^T 是 A 的转置.

例 3.13　设矩阵 $A=(1,-1,2)$,$B=\begin{pmatrix} 2 & 3 \\ 1 & 2 \\ 4 & 6 \end{pmatrix}$,求 $(AB)^T$ 和 $B^T A^T$.

解　因为 $AB = (1,-1,2)\begin{pmatrix} 2 & 3 \\ 1 & 2 \\ 4 & 6 \end{pmatrix} = (9,13)$,所以

$$(AB)^T = (9,13)^T = \begin{pmatrix} 9 \\ 13 \end{pmatrix}.$$

因为 $A^T = \begin{pmatrix} 1 \\ -1 \\ 2 \end{pmatrix}$,$B^T = \begin{pmatrix} 2 & 1 & 4 \\ 3 & 2 & 6 \end{pmatrix}$,所以 $B^T A^T = \begin{pmatrix} 2 & 1 & 4 \\ 3 & 2 & 6 \end{pmatrix} \begin{pmatrix} 1 \\ -1 \\ 2 \end{pmatrix} = \begin{pmatrix} 9 \\ 13 \end{pmatrix}$.

在例 3.13 中,我们可以看出 $(AB)^T = B^T A^T$.结合矩阵转置的定义,容易验证矩阵的转置满足以下运算律:

(1) $(A^T)^T = A$;

(2) $(A+B)^T = A^T + B^T$;

(3) $(AB)^T = B^T A^T$;

(4) $(kA)^T = kA^T$ (k 是常数).

定义 3.9 设 A 是 n 阶方阵. 若 $A^T = A$, 则称 A 是对称矩阵; 若 $A^T = -A$, 则称 A 是反对称矩阵.

显然, 对称矩阵和反对称矩阵都是方阵, 对称矩阵的元素之间满足关系 $a_{ij} = a_{ji}(i,j = 1,2,\cdots,n)$; 反对称矩阵的元素之间满足关系 $a_{ii} = 0$ ($i = 1,2,\cdots,n$), $a_{ij} = -a_{ji}$ ($i \neq j, i,j = 1,2,\cdots,n$).

例如, $A = \begin{pmatrix} 3 & -2 & 3 \\ -2 & 5 & -7 \\ 3 & -7 & 9 \end{pmatrix}$ 是对称矩阵, $B = \begin{pmatrix} 0 & 2 & -5 \\ -2 & 0 & 3 \\ 5 & -3 & 0 \end{pmatrix}$ 是反对称矩阵.

例 3.14 设 A, B 为同阶方阵, 如果 A 是对称矩阵, B 是反对称矩阵, 则 $AB - BA$ 为对称矩阵.

证 因为 A 是对称矩阵, B 是反对称矩阵, 所以 $A^T = A, B^T = -B$. $(AB - BA)^T = (AB)^T - (BA)^T = B^T A^T - A^T B^T = -BA + AB = AB - BA$. 因此 $AB - BA$ 是对称矩阵.

在线性代数和矩阵理论中, 实对称矩阵是一种具有特殊性质的方阵. 它的对称性和其他一些重要的性质使得其在数学、物理以及工程领域中具有广泛的应用.

§3.4 矩阵的逆

一、可逆矩阵的定义

引例 在通信领域中, 常将字符(信号)与数字对应, 如

a b c d e ··· x y z
1 2 3 4 5 ··· 24 25 26

并用 0 表示空格, 比如 "good morning" 所对应的 12 个数值按一定方式排列, 可得矩阵

$$B = \begin{pmatrix} 7 & 4 & 15 & 9 \\ 15 & 0 & 18 & 14 \\ 15 & 13 & 14 & 7 \end{pmatrix}.$$

但如果一方要通过公共信道向另一方传递信息, 在传输的过程中, 由于缺少足够的安全保护, 传输的信息很容易被第三方盗走, 甚至很有可能被篡

改. 因此, 在信息传输之前, 一般要对需要传输的信息采取加密措施. 比如, 用一个约定的加密矩阵 A 乘原信号 M, 输出信号为 $N=AM$（加密）, 收到信号的一方再将信号还原（破译）. 取加密矩阵为 $A=\begin{pmatrix} 1 & 1 & 0 \\ 0 & 1 & 1 \\ 1 & 0 & 1 \end{pmatrix}$, 如果收到的信息编码为 4,23,21,24,29,23, 那么原来的信息是什么？

令 $N=\begin{pmatrix} 4 & 24 \\ 23 & 29 \\ 21 & 23 \end{pmatrix}$, 根据题意 $N=AM$, 要求原来的信息, 就是在已知 A 和 N 的情况下求出 M.

在数学运算中, 数 b 除以非零数 a 的运算可以用乘法表示为 $\dfrac{b}{a}=b \cdot \dfrac{1}{a}$, 其中非零数 a 的倒数（乘法逆）$\dfrac{1}{a}$ 可由式子 $a \cdot \dfrac{1}{a}=\dfrac{1}{a} \cdot a=1$ 得到.

受此启发, 对矩阵 A, 如果能够找到一个矩阵 B, 使得 $AB=BA=I$, 我们就能够将上述信息还原. 我们称这种矩阵为可逆矩阵.

定义 3.10 设 A 是一个 n 阶方阵, 若存在同阶方阵 B, 使 $AB=BA=I$ 成立, 则称 B 是 A 的逆矩阵, 记作 A^{-1}, 这时称 A 为可逆矩阵, 简称为可逆阵.

例 3.15 判断矩阵 $A=\begin{pmatrix} 2 & 1 \\ -1 & 0 \end{pmatrix}$ 是否可逆, 若可逆, 求 A^{-1}.

解 假设 A 可逆, 矩阵 $B=\begin{pmatrix} a & b \\ c & d \end{pmatrix}$ 是 A 的逆矩阵, 则

$$AB=\begin{pmatrix} 2 & 1 \\ -1 & 0 \end{pmatrix}\begin{pmatrix} a & b \\ c & d \end{pmatrix}=\begin{pmatrix} 1 & 0 \\ 0 & 1 \end{pmatrix},$$

即

$$\begin{pmatrix} 2a+c & 2b+d \\ -a & -b \end{pmatrix}=\begin{pmatrix} 1 & 0 \\ 0 & 1 \end{pmatrix}.$$

所以

$$\begin{cases} 2a+c=1, \\ 2b+d=0, \\ -a=0, \\ -b=1, \end{cases}$$

解得

$$\begin{cases} a=0, \\ b=-1, \\ c=1, \\ d=2. \end{cases}$$

因为 $AB = \begin{pmatrix} 2 & 1 \\ -1 & 0 \end{pmatrix} \begin{pmatrix} 0 & -1 \\ 1 & 2 \end{pmatrix} = \begin{pmatrix} 1 & 0 \\ 0 & 1 \end{pmatrix}, BA = \begin{pmatrix} 0 & -1 \\ 1 & 2 \end{pmatrix} \begin{pmatrix} 2 & 1 \\ -1 & 0 \end{pmatrix} = \begin{pmatrix} 1 & 0 \\ 0 & 1 \end{pmatrix}$,所以 A 可逆,且 $A^{-1} = \begin{pmatrix} 0 & -1 \\ 1 & 2 \end{pmatrix}$.

注 3.1 此法称为待定参数求逆法.利用此法对高阶矩阵求逆很烦琐.

二、可逆矩阵的性质

定理 3.2 若矩阵 A 可逆,则其逆矩阵唯一.

证 若 B,C 都是 A 的逆矩阵,则有 $C=CI=C(AB)=(CA)B=IB=B$.所以可逆矩阵的逆矩阵是唯一的,A^{-1} 这个符号有意义.

定理 3.3 如果 A,B 是同阶的可逆方阵,那么 $A^{-1},kA(k\neq0),A^T$,AB 都是可逆矩阵,且

(1) $(A^{-1})^{-1}=A$;

(2) $(kA)^{-1}=\dfrac{1}{k}A^{-1}$;

(3) $(A^T)^{-1}=(A^{-1})^T$;

(4) $(AB)^{-1}=B^{-1}A^{-1}$.

上面的性质利用逆矩阵的定义很容易验证,我们现在只证明(3)和(4).

证 (3) 因为 A 可逆,$AA^{-1}=A^{-1}A=I$,于是 $(A^{-1})^T A^T=(AA^{-1})^T=I$,$A^T(A^{-1})^T=(A^{-1}A)^T=I$,所以 $(A^T)^{-1}=(A^{-1})^T$.

(4) 因为 A,B 可逆,所以 $AA^{-1}=A^{-1}A=I, BB^{-1}=B^{-1}B=I$.于是
$$(AB)(B^{-1}A^{-1})=A(BB^{-1})A^{-1}=AA^{-1}=I,$$
$$(B^{-1}A^{-1})(AB)=B^{-1}(A^{-1}A)B=B^{-1}B=I,$$
所以 AB 是可逆的,且 $(AB)^{-1}=B^{-1}A^{-1}$.

利用逆矩阵的概念,可方便地表示出线性方程组的解.事实上,对含有 n 个方程 n 个未知数的线性方程组
$$Ax=b,$$
当 A 是可逆矩阵时,可表示出其解为 $x=A^{-1}b$.这是因为 A 是可逆阵,用 A^{-1} 同时左乘方程两边,可得
$$A^{-1}Ax=A^{-1}b,$$

即
$$x = A^{-1}b.$$

怎么求矩阵的逆？求矩阵的逆有多种方法,这里我们介绍一个对数字型矩阵都适用的方法——行初等变换求逆法.

三、利用矩阵的行初等变换求逆矩阵

借助矩阵的行初等变换,可以求出具体的数字型矩阵的逆矩阵,具体做法如下：

设 n 阶方阵 A 可逆,对 $n \times (2n)$ 矩阵 $(A \vdots I)$ 实施行初等变换,在把 $(A \vdots I)$ 的左半部分 A 化为单位矩阵 I 的同时,它的右半部分 I 就变成了 A^{-1}.

例 3.16 用行初等变换求矩阵 $A = \begin{pmatrix} 0 & 1 & 2 \\ 1 & 1 & 4 \\ 2 & -1 & 0 \end{pmatrix}$ 的逆矩阵.

解 对矩阵 $(A \vdots I) = \begin{pmatrix} 0 & 1 & 2 & \vdots & 1 & 0 & 0 \\ 1 & 1 & 4 & \vdots & 0 & 1 & 0 \\ 2 & -1 & 0 & \vdots & 0 & 0 & 1 \end{pmatrix}$ 作行初等变换：

$$(A \vdots I) \xrightarrow{r_1 \leftrightarrow r_2} \begin{pmatrix} 1 & 1 & 4 & \vdots & 0 & 1 & 0 \\ 0 & 1 & 2 & \vdots & 1 & 0 & 0 \\ 2 & -1 & 0 & \vdots & 0 & 0 & 1 \end{pmatrix}$$

$$\xrightarrow{-2r_1 + r_3} \begin{pmatrix} 1 & 1 & 4 & \vdots & 0 & 1 & 0 \\ 0 & 1 & 2 & \vdots & 1 & 0 & 0 \\ 0 & -3 & -8 & \vdots & 0 & -2 & 1 \end{pmatrix}$$

$$\xrightarrow{3r_2 + r_3} \begin{pmatrix} 1 & 1 & 4 & \vdots & 0 & 1 & 0 \\ 0 & 1 & 2 & \vdots & 1 & 0 & 0 \\ 0 & 0 & -2 & \vdots & 3 & -2 & 1 \end{pmatrix}$$

$$\xrightarrow{-\frac{1}{2}r_3} \begin{pmatrix} 1 & 1 & 4 & \vdots & 0 & 1 & 0 \\ 0 & 1 & 2 & \vdots & 1 & 0 & 0 \\ 0 & 0 & 1 & \vdots & -\frac{3}{2} & 1 & -\frac{1}{2} \end{pmatrix}$$

$$\xrightarrow[-4r_3 + r_1]{-2r_3 + r_2} \begin{pmatrix} 1 & 1 & 0 & \vdots & 6 & -3 & 2 \\ 0 & 1 & 0 & \vdots & 4 & -2 & 1 \\ 0 & 0 & 1 & \vdots & -\frac{3}{2} & 1 & -\frac{1}{2} \end{pmatrix}$$

$$\xrightarrow{-r_2+r_1}\begin{pmatrix}1 & 0 & 0 & 2 & -1 & 1\\ 0 & 1 & 0 & 4 & -2 & 1\\ 0 & 0 & 1 & -\dfrac{3}{2} & 1 & -\dfrac{1}{2}\end{pmatrix},$$

所以 $A^{-1}=\begin{pmatrix}2 & -1 & 1\\ 4 & -2 & 1\\ -\dfrac{3}{2} & 1 & -\dfrac{1}{2}\end{pmatrix}.$

例 3.17 解矩阵方程 $X\begin{pmatrix}1 & 1 & -1\\ 0 & 2 & 2\\ 1 & -1 & 0\end{pmatrix}=\begin{pmatrix}1 & -1 & 1\\ 1 & 1 & 0\\ 2 & 1 & 1\end{pmatrix}.$

解 设 $A=\begin{pmatrix}1 & 1 & -1\\ 0 & 2 & 2\\ 1 & -1 & 0\end{pmatrix},B=\begin{pmatrix}1 & -1 & 1\\ 1 & 1 & 0\\ 2 & 1 & 1\end{pmatrix},$ 则 $XA=B.$ 因为

$$\begin{pmatrix}1 & 1 & -1 & 1 & 0 & 0\\ 0 & 2 & 2 & 0 & 1 & 0\\ 1 & -1 & 0 & 0 & 0 & 1\end{pmatrix}\xrightarrow[\tfrac{1}{2}r_2]{-r_1+r_3}\begin{pmatrix}1 & 1 & -1 & 1 & 0 & 0\\ 0 & 1 & 1 & 0 & \dfrac{1}{2} & 0\\ 0 & -2 & 1 & -1 & 0 & 1\end{pmatrix}$$

$$\xrightarrow{2r_2+r_3}\begin{pmatrix}1 & 1 & -1 & 1 & 0 & 0\\ 0 & 1 & 1 & 0 & \dfrac{1}{2} & 0\\ 0 & 0 & 3 & -1 & 1 & 1\end{pmatrix}$$

$$\xrightarrow[\tfrac{1}{3}r_3]{\substack{\tfrac{1}{3}r_3+r_1\\ -\tfrac{1}{3}r_3+r_2}}\begin{pmatrix}1 & 1 & 0 & \dfrac{2}{3} & \dfrac{1}{3} & \dfrac{1}{3}\\ 0 & 1 & 0 & \dfrac{1}{3} & \dfrac{1}{6} & -\dfrac{1}{3}\\ 0 & 0 & 1 & -\dfrac{1}{3} & \dfrac{1}{3} & \dfrac{1}{3}\end{pmatrix}$$

$$\xrightarrow{-r_2+r_1}\begin{pmatrix}1 & 0 & 0 & \dfrac{1}{3} & \dfrac{1}{6} & \dfrac{2}{3}\\ 0 & 1 & 0 & \dfrac{1}{3} & \dfrac{1}{6} & -\dfrac{1}{3}\\ 0 & 0 & 1 & -\dfrac{1}{3} & \dfrac{1}{3} & \dfrac{1}{3}\end{pmatrix},$$

所以 $\boldsymbol{A}$ 可逆,且 $\boldsymbol{A}^{-1} = \begin{pmatrix} \frac{1}{3} & \frac{1}{6} & \frac{2}{3} \\ \frac{1}{3} & \frac{1}{6} & -\frac{1}{3} \\ -\frac{1}{3} & \frac{1}{3} & \frac{1}{3} \end{pmatrix}$,于是.

$$X = \boldsymbol{B}\boldsymbol{A}^{-1} = \begin{pmatrix} 1 & -1 & 1 \\ 1 & 1 & 0 \\ 2 & 1 & 1 \end{pmatrix} \begin{pmatrix} \frac{1}{3} & \frac{1}{6} & \frac{2}{3} \\ \frac{1}{3} & \frac{1}{6} & -\frac{1}{3} \\ -\frac{1}{3} & \frac{1}{3} & \frac{1}{3} \end{pmatrix} = \begin{pmatrix} -\frac{1}{3} & \frac{1}{3} & \frac{4}{3} \\ \frac{2}{3} & \frac{1}{3} & \frac{1}{3} \\ \frac{2}{3} & \frac{5}{6} & \frac{4}{3} \end{pmatrix}.$$

例 3.18 取加密矩阵为 $\boldsymbol{A} = \begin{pmatrix} 1 & 1 & 0 \\ 0 & 1 & 1 \\ 1 & 0 & 1 \end{pmatrix}$,如果收到的信息编码为 4, 23,21,24,29,23,那么原来的信息是什么?

解 令 $\boldsymbol{N} = \begin{pmatrix} 4 & 24 \\ 23 & 29 \\ 21 & 23 \end{pmatrix}$,根据题意 $\boldsymbol{N} = \boldsymbol{A}\boldsymbol{M}$,如果 $\boldsymbol{A}$ 可逆,那么两边同时左乘 $\boldsymbol{A}^{-1}$ 得 $\boldsymbol{M} = \boldsymbol{A}^{-1}\boldsymbol{N}$.

因为 $(\boldsymbol{A} \vdots \boldsymbol{I}) = \begin{pmatrix} 1 & 1 & 0 & \vdots & 1 & 0 & 0 \\ 0 & 1 & 1 & \vdots & 0 & 1 & 0 \\ 1 & 0 & 1 & \vdots & 0 & 0 & 1 \end{pmatrix}$

$\xrightarrow{-r_1+r_3} \begin{pmatrix} 1 & 1 & 0 & \vdots & 1 & 0 & 0 \\ 0 & 1 & 1 & \vdots & 0 & 1 & 0 \\ 0 & -1 & 1 & \vdots & -1 & 0 & 1 \end{pmatrix}$

$\xrightarrow{r_2+r_3} \begin{pmatrix} 1 & 1 & 0 & \vdots & 1 & 0 & 0 \\ 0 & 1 & 1 & \vdots & 0 & 1 & 0 \\ 0 & 0 & 2 & \vdots & -1 & 1 & 1 \end{pmatrix}$

$\xrightarrow[\frac{1}{2}r_3]{-\frac{1}{2}r_3+r_2} \begin{pmatrix} 1 & 1 & 0 & \vdots & 1 & 0 & 0 \\ 0 & 1 & 0 & \vdots & \frac{1}{2} & \frac{1}{2} & -\frac{1}{2} \\ 0 & 0 & 1 & \vdots & -\frac{1}{2} & \frac{1}{2} & \frac{1}{2} \end{pmatrix}$

$$\xrightarrow{-r_2+r_1}\begin{pmatrix} 1 & 0 & 0 & \vdots & \frac{1}{2} & -\frac{1}{2} & \frac{1}{2} \\ 0 & 1 & 0 & \vdots & \frac{1}{2} & \frac{1}{2} & -\frac{1}{2} \\ 0 & 0 & 1 & \vdots & -\frac{1}{2} & \frac{1}{2} & \frac{1}{2} \end{pmatrix},$$

所以 A 可逆,且 $A^{-1}=\begin{pmatrix} \frac{1}{2} & -\frac{1}{2} & \frac{1}{2} \\ \frac{1}{2} & \frac{1}{2} & -\frac{1}{2} \\ -\frac{1}{2} & \frac{1}{2} & \frac{1}{2} \end{pmatrix}$,于是

$$M=A^{-1}N=\begin{pmatrix} \frac{1}{2} & -\frac{1}{2} & \frac{1}{2} \\ \frac{1}{2} & \frac{1}{2} & -\frac{1}{2} \\ -\frac{1}{2} & \frac{1}{2} & \frac{1}{2} \end{pmatrix}\begin{pmatrix} 4 & 24 \\ 23 & 29 \\ 21 & 23 \end{pmatrix}=\begin{pmatrix} 1 & 9 \\ 3 & 15 \\ 20 & 14 \end{pmatrix}.$$

所以原来的信息是 action.

习题 3

1. 用高斯消元法解下列线性方程组:

(1) $\begin{cases} x_1+x_2+x_3=1, \\ x_1-x_2+2x_3=2, \\ 2x_1+2x_2+x_3=0; \end{cases}$

(2) $\begin{cases} 3x_1+5x_2-2x_3=0, \\ 2x_1-3x_2+4x_3=0, \\ x_1+2x_2+3x_3=0; \end{cases}$

(3) $\begin{cases} x_1+x_2+x_3=6, \\ 2x_1-x_2+3x_3=8, \\ 3x_1+2x_2-x_3=7, \\ x_1-3x_2+2x_3=2; \end{cases}$

(4) $\begin{cases} 2x_1+3x_2+2x_3=0, \\ x_1+2x_2+3x_3=0, \\ x_1+x_2-x_3=0; \end{cases}$

(5) $\begin{cases} 5x_1+7x_2+3x_3-2x_4=0, \\ 2x_1+3x_2+x_3-x_4=0, \\ x_1-2x_2+4x_3+3x_4=0; \end{cases}$

(6) $\begin{cases} x_1+2x_2+3x_3+x_4=5, \\ 2x_1+4x_2-x_4=-3, \\ -x_1-2x_2+3x_3+2x_4=8, \\ 3x_1+6x_2+3x_3=2. \end{cases}$

2. 设矩阵 $\boldsymbol{A}=\begin{pmatrix} 1 & -2 & 3 \\ 3 & 4 & -1 \end{pmatrix}, \boldsymbol{B}=\begin{pmatrix} 2 & -2 \\ 3 & 2 \\ -1 & -1 \end{pmatrix}$，求 $\boldsymbol{AB}, \boldsymbol{BA}$.

3. 设矩阵 $\boldsymbol{A}=\begin{pmatrix} 1 & 2 & 2 \\ 2 & 1 & -3 \\ 0 & -1 & 1 \end{pmatrix}, \boldsymbol{B}=\begin{pmatrix} -2 & 1 & 1 \\ -1 & 0 & -2 \\ 1 & 2 & 2 \end{pmatrix}$，求 $-2\boldsymbol{A}+3\boldsymbol{B}$，$\boldsymbol{AB}, \boldsymbol{BA}$.

4. 设矩阵 $\boldsymbol{A}=\begin{pmatrix} 1 & 1 & -1 \\ 2 & 1 & 3 \\ -1 & -2 & 1 \end{pmatrix}, \boldsymbol{B}=\begin{pmatrix} 1 & 2 \\ 2 & -1 \\ 3 & 4 \end{pmatrix}, \boldsymbol{C}=\begin{pmatrix} 2 & 6 & 4 \\ -3 & 1 & -2 \end{pmatrix}$，
求 $\boldsymbol{AB}, \boldsymbol{CB}, \boldsymbol{B}^{\mathrm{T}}\boldsymbol{C}^{\mathrm{T}}$.

5. 设矩阵 $\boldsymbol{A}=\begin{pmatrix} 1 & 2 & 3 \\ 0 & 1 & 0 \\ 1 & 0 & 1 \end{pmatrix}, \boldsymbol{B}=\begin{pmatrix} 2 & 1 & 1 \\ 1 & 2 & 1 \\ 1 & 1 & 2 \end{pmatrix}$，求 $\boldsymbol{A}^{-1}, \boldsymbol{B}^{-1}, (\boldsymbol{AB})^{-1}$.

6. 求下列等式中的矩阵 $\boldsymbol{X}$：

(1) $\begin{pmatrix} 2 & 3 \\ 3 & 1 \end{pmatrix} \boldsymbol{X} = \begin{pmatrix} -5 & 6 \\ 2 & -1 \end{pmatrix}$;

(2) $\boldsymbol{X} \begin{pmatrix} 1 & 1 & 2 \\ 1 & -1 & 0 \\ -1 & 0 & 1 \end{pmatrix} = \begin{pmatrix} 2 & -1 & 3 \\ 3 & 1 & 4 \\ 3 & -2 & 3 \end{pmatrix}$;

(3) $\begin{pmatrix} 1 & 2 & -1 \\ -2 & 1 & 5 \\ -1 & 0 & 3 \end{pmatrix} \boldsymbol{X} = \begin{pmatrix} 2 & -3 \\ 7 & 13 \\ 4 & 9 \end{pmatrix}$.

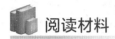 阅读材料

矩阵与线性方程组

在我国,线性方程组的研究始于约2 000年前的《九章算术》.在这部数学经典著作中,已经出现了关于方程组的相关介绍和研究.1247年,秦九韶完成了《数书九章》,他在书中介绍了用初等方法解线性方程组的理论.

在西方,线性方程组的研究起步较晚.大约在1678年,德国数学家莱布尼茨开始研究线性方程组.他与同一时代的日本数学家关孝和各自独立地创立了行列式理论,为解线性方程组提供了重要的工具.此后,行列式作为解线性方程组的工具逐步发展.到了1750年,瑞典数学家克莱姆发明了克莱姆法则来解 n 元方程组,这一法则至今仍被广泛使用.

另外,矩阵的概念在19世纪逐渐形成.在1800年左右,高斯和若尔当建立了高斯-若尔当消元法,这是一种利用矩阵变换解线性方程组的方法.而矩阵作为独立的数学研究的对象则始于19世纪中叶.英国数学家凯莱从1858年开始发表了一系列关于矩阵的论文,研究矩阵的运算律、逆、转置等性质.

矩阵和线性方程组的理论与方法不仅在数学领域有着广泛的应用,而且对其他科学领域也产生了深远的影响.

矩阵论的创立者——凯莱

凯莱(Cayley,1821—1895),英国数学家.他自小就喜欢解决复杂的数学问题,很早就显示出数学天赋,1839年进入剑桥大学三一学院学习,毕业后在三一学院任教3年,后来成为一名律师,同时继续数学研究.

凯莱把矩阵作为一个独立的数学概念提出来,并首先发表了关于矩阵的一系列文章.因此,凯莱被公认为是矩阵论的创立者.1858年,凯莱发表了论著《矩阵论的研究报告》,系统地阐述了关于矩阵的理论.他定义了两个矩阵的相等、两个矩阵的和与积、数与矩阵的数量积、矩阵的逆、转置矩阵、零矩阵、方阵的特征方程等一系列概念.矩阵论发展很快,成为在物理学、生物学、经济学中应用广泛的一个数学分支.

第4章 行列式

行列式理论起源于线性方程组的求解,它被广泛应用于数学的很多分支以及其他自然科学领域.本章首先介绍行列式的定义、性质及计算方法,然后在此基础上给出行列式在矩阵理论中的一些应用,最后给出用行列式求解线性方程组的克莱姆(Cramer)法则.

§4.1 行列式的概念

历史上行列式最早是用于速记的表达式,现在已经是数学中一种非常有用的工具.一般认为行列式是由莱布尼茨和关孝和发明的.1693年,莱布尼茨在写给洛必达的一封信中使用并给出了行列式,以及方程组的系数行列式为零的条件.同时代的关孝和在其著作《解伏题之法》中也提出了行列式的概念与算法.

我们先从《孙子算经》中的一个有趣的问题谈起:今有鸡兔同笼,上有35头,下有94足,问鸡兔各几何?这个问题的解法有很多,其中用线性方程组求解很方便,并具有求这类问题的普遍性.

设鸡为 x_1 只,兔为 x_2 只,则有
$$\begin{cases} x_1 + x_2 = 35, \\ 2x_1 + 4x_2 = 94. \end{cases}$$

容易求出鸡为23只,兔为12只.把上式用数学符号普遍化,可写为
$$\begin{cases} a_{11}x_1 + a_{12}x_2 = b_1, \\ a_{21}x_1 + a_{22}x_2 = b_2. \end{cases}$$

通过消元法,可以得到
$$\begin{cases} (a_{11}a_{22} - a_{12}a_{21})x_1 = b_1 a_{22} - a_{12} b_2, \\ (a_{11}a_{22} - a_{12}a_{21})x_2 = a_{11} b_2 - b_1 a_{21}. \end{cases}$$

进而当 $a_{11}a_{22} - a_{12}a_{21} \neq 0$ 时,可知

$$\begin{cases} x_1 = \dfrac{b_1 a_{22} - a_{12} b_2}{a_{11} a_{22} - a_{12} a_{21}}, \\ x_2 = \dfrac{a_{11} b_2 - b_1 a_{21}}{a_{11} a_{22} - a_{12} a_{21}}. \end{cases}$$

从上面运算的规律性和对称性中,抽出方程组中未知数的系数,引入二阶行列式来进行简记,即定义这些系数构成的行列式为

$$\begin{vmatrix} a_{11} & a_{12} \\ a_{21} & a_{22} \end{vmatrix} = a_{11} a_{22} - a_{12} a_{21},$$

则上式可以写成

$$\begin{cases} x_1 = \dfrac{b_1 a_{22} - a_{12} b_2}{a_{11} a_{22} - a_{12} a_{21}} = \dfrac{\begin{vmatrix} b_1 & a_{12} \\ b_2 & a_{22} \end{vmatrix}}{\begin{vmatrix} a_{11} & a_{12} \\ a_{21} & a_{22} \end{vmatrix}}, \\ x_2 = \dfrac{a_{11} b_2 - b_1 a_{21}}{a_{11} a_{22} - a_{12} a_{21}} = \dfrac{\begin{vmatrix} a_{11} & b_1 \\ a_{21} & b_2 \end{vmatrix}}{\begin{vmatrix} a_{11} & a_{12} \\ a_{21} & a_{22} \end{vmatrix}}. \end{cases}$$

记 $D = \begin{vmatrix} a_{11} & a_{12} \\ a_{21} & a_{22} \end{vmatrix}$,$D_1 = \begin{vmatrix} b_1 & a_{12} \\ b_2 & a_{22} \end{vmatrix}$,$D_2 = \begin{vmatrix} a_{11} & b_1 \\ a_{21} & b_2 \end{vmatrix}$,则上式可以简记为

$$\begin{cases} x_1 = \dfrac{D_1}{D}, \\ x_2 = \dfrac{D_2}{D}. \end{cases}$$

回到上述"鸡兔同笼"问题,可知 $\begin{cases} a_{11} = 1, \\ a_{12} = 1, \end{cases} \begin{cases} a_{21} = 2, \\ a_{22} = 4, \end{cases} \begin{cases} b_1 = 35, \\ b_2 = 94, \end{cases}$ 进而 $D = 2, D_1 = 46, D_2 = 24.$ 于是有

$$\begin{cases} x_1 = 23, \\ x_2 = 12. \end{cases}$$

类似地,考虑三元线性方程组 $\begin{cases} a_{11} x_1 + a_{12} x_2 + a_{13} x_3 = b_1, \\ a_{21} x_1 + a_{22} x_2 + a_{23} x_3 = b_2, \\ a_{31} x_1 + a_{32} x_2 + a_{33} x_3 = b_3, \end{cases}$ 同样使用消元法,可得当 $a_{11} a_{22} a_{33} + a_{12} a_{23} a_{31} + a_{13} a_{21} a_{32} - a_{11} a_{23} a_{32} - a_{12} a_{21} a_{33} - a_{13} a_{22} a_{31} \neq 0$ 时,

$$\begin{cases} x_1 = \dfrac{b_1 a_{22} a_{33} + a_{12} a_{23} b_3 + a_{13} b_2 a_{32} - b_1 a_{23} a_{32} - a_{12} b_2 a_{33} - a_{13} a_{22} b_3}{a_{11} a_{22} a_{33} + a_{12} a_{23} a_{31} + a_{13} a_{21} a_{32} - a_{11} a_{23} a_{32} - a_{12} a_{21} a_{33} - a_{13} a_{22} a_{31}}, \\ x_2 = \dfrac{a_{11} b_2 a_{33} + b_1 a_{23} a_{31} + a_{13} a_{21} b_3 - a_{11} a_{23} b_3 - b_1 a_{21} a_{33} - a_{13} b_2 a_{31}}{a_{11} a_{22} a_{33} + a_{12} a_{23} a_{31} + a_{13} a_{21} a_{32} - a_{11} a_{23} a_{32} - a_{12} a_{21} a_{33} - a_{13} a_{22} a_{31}}, \\ x_3 = \dfrac{a_{11} a_{22} b_3 + a_{12} b_2 a_{31} + b_1 a_{21} a_{32} - a_{11} b_2 a_{32} - a_{12} a_{21} b_3 - b_1 a_{22} a_{31}}{a_{11} a_{22} a_{33} + a_{12} a_{23} a_{31} + a_{13} a_{21} a_{32} - a_{11} a_{23} a_{32} - a_{12} a_{21} a_{33} - a_{13} a_{22} a_{31}}. \end{cases}$$

记

$$D = \begin{vmatrix} a_{11} & a_{12} & a_{13} \\ a_{21} & a_{22} & a_{23} \\ a_{31} & a_{32} & a_{33} \end{vmatrix} \tag{4.1}$$

$$= a_{11} a_{22} a_{33} + a_{12} a_{23} a_{31} + a_{13} a_{21} a_{32} - a_{11} a_{23} a_{32} - a_{12} a_{21} a_{33} - a_{13} a_{22} a_{31}.$$

当 $D \neq 0$ 时，三元线性方程组的解类似于二元情形，可以表示为

$$x_1 = \frac{D_1}{D}, x_2 = \frac{D_2}{D}, x_3 = \frac{D_3}{D},$$

其中 $D_1 = \begin{vmatrix} b_1 & a_{12} & a_{13} \\ b_2 & a_{22} & a_{23} \\ b_3 & a_{32} & a_{33} \end{vmatrix}, D_2 = \begin{vmatrix} a_{11} & b_1 & a_{13} \\ a_{21} & b_2 & a_{23} \\ a_{31} & b_3 & a_{33} \end{vmatrix}, D_3 = \begin{vmatrix} a_{11} & a_{12} & b_1 \\ a_{21} & a_{22} & b_2 \\ a_{31} & a_{32} & b_3 \end{vmatrix}.$

类似二元、三元情形，以上结论可以推广到 n 元线性方程组的情形：

$$\begin{cases} a_{11} x_1 + a_{12} x_2 + \cdots + a_{1n} x_n = b_1, \\ a_{21} x_1 + a_{22} x_2 + \cdots + a_{2n} x_n = b_2, \\ \quad \vdots \\ a_{n1} x_1 + a_{n2} x_2 + \cdots + a_{nn} x_n = b_n. \end{cases}$$

如果系数行列式 $D = \begin{vmatrix} a_{11} & a_{12} & \cdots & a_{1n} \\ a_{21} & a_{22} & \cdots & a_{2n} \\ \vdots & \vdots & & \vdots \\ a_{n1} & a_{n2} & \cdots & a_{nn} \end{vmatrix} \neq 0$，则 $x_1 = \dfrac{D_1}{D}, x_2 = \dfrac{D_2}{D}, \cdots,$

$x_n = \dfrac{D_n}{D}$，其中 $D_j (j = 1, 2, \cdots, n)$ 表示把行列式 D 中第 j 列换成 n 元线性方程组的自由项 $b_1, b_2, \cdots, b_n$ 所成的行列式，即

$$D_j = \begin{vmatrix} a_{11} & \cdots & a_{1,j-1} & b_1 & a_{1,j+1} & \cdots & a_{1n} \\ a_{21} & \cdots & a_{2,j-1} & b_2 & a_{2,j+1} & \cdots & a_{2n} \\ \vdots & & \vdots & \vdots & \vdots & & \vdots \\ a_{n1} & \cdots & a_{n,j-1} & b_n & a_{n,j+1} & \cdots & a_{nn} \end{vmatrix}.$$

我们已经知道二阶、三阶行列式的定义和计算方法，二阶行列式

$$\begin{vmatrix} a_{11} & a_{12} \\ a_{21} & a_{22} \end{vmatrix} = a_{11}a_{22} - a_{12}a_{21},$$

而三阶行列式

$$\begin{vmatrix} a_{11} & a_{12} & a_{13} \\ a_{21} & a_{22} & a_{23} \\ a_{31} & a_{32} & a_{33} \end{vmatrix} = a_{11}a_{22}a_{33} + a_{12}a_{23}a_{31} + a_{13}a_{21}a_{32} -$$

$$a_{11}a_{23}a_{32} - a_{12}a_{21}a_{33} - a_{13}a_{22}a_{31}.$$

可见行列式实际上是数,虽然在上述利用行列式求方程组的解时,我们通常要求系数行列式 $D \neq 0$,才能求出方程组的解,但是行列式本身是可以为 0 的.

例 4.1 计算二阶行列式 $D = \begin{vmatrix} 8 & 12 \\ 4 & 6 \end{vmatrix}$.

解 原式 $= 8 \times 6 - 12 \times 4 = 0$.

例 4.2 计算三阶行列式 $D = \begin{vmatrix} 1 & 2 & 0 \\ 1 & 1 & 1 \\ 1 & 3 & -1 \end{vmatrix}$.

解 原式 $= 1 \times 1 \times (-1) + 2 \times 1 \times 1 + 0 \times 1 \times 3 - 1 \times 1 \times 3 -$
$2 \times 1 \times (-1) - 0 \times 1 \times 1 = 0.$

下面我们来看 n 阶行列式的计算.

由 (4.1) 式,可知

$$\begin{vmatrix} a_{11} & a_{12} & a_{13} \\ a_{21} & a_{22} & a_{23} \\ a_{31} & a_{32} & a_{33} \end{vmatrix} = a_{11}(a_{22}a_{33} - a_{23}a_{32}) - a_{12}(a_{21}a_{33} - a_{23}a_{31}) +$$

$$a_{13}(a_{21}a_{32} - a_{22}a_{31})$$

$$= (-1)^{1+1} a_{11} \begin{vmatrix} a_{22} & a_{23} \\ a_{32} & a_{33} \end{vmatrix} + (-1)^{1+2} a_{12} \begin{vmatrix} a_{21} & a_{23} \\ a_{31} & a_{33} \end{vmatrix} +$$

$$(-1)^{1+3} a_{13} \begin{vmatrix} a_{21} & a_{22} \\ a_{31} & a_{32} \end{vmatrix}.$$

(4.2)

在上面的行列式计算中,记 $M_{11} = \begin{vmatrix} a_{22} & a_{23} \\ a_{32} & a_{33} \end{vmatrix}$,$M_{12} = \begin{vmatrix} a_{21} & a_{23} \\ a_{31} & a_{33} \end{vmatrix}$,$M_{13} = \begin{vmatrix} a_{21} & a_{22} \\ a_{31} & a_{32} \end{vmatrix}$,则容易看出 M_{11} 是原来的行列式中划去 a_{11} 所在的行和列后,余下的元素所组成的二阶行列式;M_{12} 是原来的行列式中划去 a_{12} 所

在的行和列后,余下的元素所组成的二阶行列式;而 M_{13} 是原来的行列式中划去 a_{13} 所在的行和列后,余下的元素所组成的二阶行列式. M_{11},M_{12} 和 M_{13} 分别称为 a_{11},a_{12} 和 a_{13} 的余子式.再记

$$A_{11}=(-1)^{1+1}M_{11}, A_{12}=(-1)^{1+2}M_{12}, A_{13}=(-1)^{1+3}M_{13},$$

它们分别称为 a_{11},a_{12} 和 a_{13} 的代数余子式.于是,三阶行列式可以写成

$$\begin{vmatrix} a_{11} & a_{12} & a_{13} \\ a_{21} & a_{22} & a_{23} \\ a_{31} & a_{32} & a_{33} \end{vmatrix} = a_{11}M_{11} - a_{12}M_{12} + a_{13}M_{13} \qquad (4.3)$$

$$= a_{11}A_{11} + a_{12}A_{12} + a_{13}A_{13}.$$

此式称为三阶行列式按第一行元素的展开式,它表明三阶行列式等于它的第一行的每个元素与其对应的代数余子式的乘积之和.同样的道理,可以看出二阶行列式也是等于第一行的每个元素与其对应的代数余子式的乘积之和.利用这一点,下面可以定义 n 阶行列式.

定义 4.1 n 阶行列式

$$D = \begin{vmatrix} a_{11} & a_{12} & \cdots & a_{1n} \\ a_{21} & a_{22} & \cdots & a_{2n} \\ \vdots & \vdots & & \vdots \\ a_{n1} & a_{n2} & \cdots & a_{nn} \end{vmatrix} \qquad (4.4)$$

表示一个由 D 中元素根据一定的运算关系所得到的数.

当 $n=1$ 时, $D=|a_{11}|=a_{11}$;

当 $n=2$ 时, $D=\begin{vmatrix} a_{11} & a_{12} \\ a_{21} & a_{22} \end{vmatrix} = a_{11}a_{22} - a_{12}a_{21}$;

当 $n>2$ 时,

$$D = \begin{vmatrix} a_{11} & a_{12} & \cdots & a_{1n} \\ a_{21} & a_{22} & \cdots & a_{2n} \\ \vdots & \vdots & & \vdots \\ a_{n1} & a_{n2} & \cdots & a_{nn} \end{vmatrix} = a_{11}A_{11} + a_{12}A_{12} + \cdots + a_{1n}A_{1n} = \sum_{j=1}^{n} a_{1j}A_{1j}.$$

$$(4.5)$$

其中数 a_{ij} 称为 D 的第 i 行第 j 列的元素; $A_{ij}=(-1)^{i+j}M_{ij}$ 称为 a_{ij} 的代数余子式; M_{ij} 为由 D 中划去第 i 行和第 j 列的元素后,余下元素所构成的 $n-1$ 阶行列式,即

$$M_{ij} = \begin{vmatrix} a_{11} & \cdots & a_{1,j-1} & a_{1,j+1} & \cdots & a_{1n} \\ \vdots & & \vdots & \vdots & & \vdots \\ a_{i-1,1} & \cdots & a_{i-1,j-1} & a_{i-1,j+1} & \cdots & a_{i-1,n} \\ a_{i+1,1} & \cdots & a_{i+1,j-1} & a_{i+1,j+1} & \cdots & a_{i+1,n} \\ \vdots & & \vdots & \vdots & & \vdots \\ a_{n1} & \cdots & a_{n,j-1} & a_{n,j+1} & \cdots & a_{nn} \end{vmatrix},$$

称 M_{ij} 为 a_{ij} 的余子式($i,j=1,2,\cdots,n$).为了方便,我们通常记行列式 D 为 $|a_{ij}|$.

元素 $a_{11}, a_{22}, \cdots, a_{nn}$ 所在的对角线称为行列式的主对角线;另一条对角线称为行列式的次对角线.主对角线以下(或上)的元素都为 0 的行列式叫上(或下)三角行列式.

例 4.3 计算四阶行列式 $D = \begin{vmatrix} 2 & 0 & 1 & 2 \\ 0 & 1 & 1 & 0 \\ 1 & 0 & 2 & 1 \\ 0 & 1 & 0 & 1 \end{vmatrix}$.

解 由行列式的定义得

$$D = 2 \times \begin{vmatrix} 1 & 1 & 0 \\ 0 & 2 & 1 \\ 1 & 0 & 1 \end{vmatrix} - 0 + 1 \times \begin{vmatrix} 0 & 1 & 0 \\ 1 & 0 & 1 \\ 0 & 1 & 1 \end{vmatrix} - 2 \begin{vmatrix} 0 & 1 & 1 \\ 1 & 0 & 2 \\ 0 & 1 & 0 \end{vmatrix} = 3.$$

例 4.4 计算 n 阶下三角行列式 $D = \begin{vmatrix} a_{11} & 0 & 0 & \cdots & 0 \\ a_{21} & a_{22} & 0 & \cdots & 0 \\ \vdots & \vdots & \vdots & & \vdots \\ a_{n1} & a_{n2} & a_{n3} & \cdots & a_{nn} \end{vmatrix}$.

解 由 n 阶行列式的定义得

$$D = \begin{vmatrix} a_{11} & 0 & 0 & \cdots & 0 \\ a_{21} & a_{22} & 0 & \cdots & 0 \\ \vdots & \vdots & \vdots & & \vdots \\ a_{n1} & a_{n2} & a_{n3} & \cdots & a_{nn} \end{vmatrix} = (-1)^{1+1} a_{11} \begin{vmatrix} a_{22} & 0 & \cdots & 0 \\ a_{32} & a_{33} & \cdots & 0 \\ \vdots & \vdots & & \vdots \\ a_{n2} & a_{n3} & \cdots & a_{nn} \end{vmatrix}$$

$$= a_{11} a_{22} \begin{vmatrix} a_{33} & \cdots & 0 \\ \vdots & & \vdots \\ a_{n3} & \cdots & a_{nn} \end{vmatrix} = \cdots = a_{11} a_{22} \cdots a_{nn}.$$

例 4.4 的结论在以后行列式的计算中可直接使用.

本节最后,我们介绍行列式按行(或列)的展开定理.

定理 4.1 n 阶行列式 $D = |a_{ij}|$ 等于它的任意一行(或任意一列)的每

个元素与它们所对应的代数余子式乘积之和,即

$$D = \sum_{j=1}^{n} a_{rj} A_{rj} = \sum_{j=1}^{n} a_{rj}(-1)^{r+j} M_{rj}, r = 1, 2, \cdots, n; \quad (4.6)$$

$$D = \sum_{i=1}^{n} a_{is} A_{is} = \sum_{i=1}^{n} a_{is}(-1)^{i+s} M_{is}, s = 1, 2, \cdots, n. \quad (4.7)$$

(4.6)式和(4.7)式分别称为行列式按第 r 行和第 s 列的展开式.

证明略去.

利用本定理,在计算行列式时,可以按它的任意一行(或列)展开.为简便起见,我们一般选择有较多零元素的行(或列)展开.

例 4.5 计算五阶行列式 $D = \begin{vmatrix} 1 & 1 & 1 & 1 & 0 \\ 0 & 2 & 0 & 1 & 2 \\ 0 & 0 & 3 & 0 & 0 \\ 0 & 0 & 1 & 0 & 1 \\ 3 & 0 & 2 & 0 & 2 \end{vmatrix}$.

解 将 D 按第 3 行展开:

$$D = 3 \times \begin{vmatrix} 1 & 1 & 1 & 0 \\ 0 & 2 & 1 & 2 \\ 0 & 0 & 0 & 1 \\ 3 & 0 & 0 & 2 \end{vmatrix} = 3 \times (-1) \times \begin{vmatrix} 1 & 1 & 1 \\ 0 & 2 & 1 \\ 3 & 0 & 0 \end{vmatrix} = 3 \times (-1) \times 3 \times \begin{vmatrix} 1 & 1 \\ 2 & 1 \end{vmatrix} = 9.$$

例 4.6 计算 n 阶行列式 $D_n = \begin{vmatrix} a_{11} & a_{12} & \cdots & a_{1,n-1} & a_{1n} \\ a_{21} & a_{22} & \cdots & a_{2,n-1} & 0 \\ \vdots & \vdots & & \vdots & \vdots \\ a_{n-1,1} & a_{n-1,2} & \cdots & 0 & 0 \\ a_{n1} & 0 & \cdots & 0 & 0 \end{vmatrix}$.

解 将 D 按最后一列展开:

$$D_n = (-1)^{1+n} a_{1n} \begin{vmatrix} a_{21} & a_{22} & \cdots & a_{2,n-1} \\ \vdots & \vdots & & \vdots \\ a_{n-1,1} & a_{n-1,2} & \cdots & 0 \\ a_{n1} & 0 & \cdots & 0 \end{vmatrix}$$

$$= (-1)^{1+n} a_{1n} (-1)^{1+(n-1)} a_{2,n-1} \begin{vmatrix} a_{31} & \cdots & a_{3,n-2} \\ \vdots & & \vdots \\ a_{n1} & \cdots & 0 \end{vmatrix}$$

$$= \cdots = (-1)^{\frac{n(n-1)}{2}} a_{1n} a_{2,n-1} \cdots a_{n1}.$$

类似地,可以得到 $\begin{vmatrix} 0 & \cdots & 0 & a_{1n} \\ 0 & \cdots & a_{2,n-1} & a_{2n} \\ \vdots & & \vdots & \vdots \\ a_{n1} & \cdots & a_{n,n-1} & a_{nn} \end{vmatrix} = (-1)^{\frac{n(n-1)}{2}} a_{1n} a_{2,n-1} \cdots a_{n1}.$

§4.2 行列式的性质

由上一节 n 阶行列式的定义可知,一般地,计算一个 n 阶行列式共需要计算 n 个 $n-1$ 阶行列式.当 n 较大时,其计算量是非常大的.本节将研究行列式的性质,以及利用这些性质来简化行列式的计算.

设 n 阶行列式

$$D = \begin{vmatrix} a_{11} & a_{12} & \cdots & a_{1n} \\ a_{21} & a_{22} & \cdots & a_{2n} \\ \vdots & \vdots & & \vdots \\ a_{n1} & a_{n2} & \cdots & a_{nn} \end{vmatrix},$$

把 D 的行与列互换得到的行列式称为 D 的转置行列式,记为 D^{T},即

$$D^{\mathrm{T}} = \begin{vmatrix} a_{11} & a_{21} & \cdots & a_{n1} \\ a_{12} & a_{22} & \cdots & a_{n2} \\ \vdots & \vdots & & \vdots \\ a_{1n} & a_{2n} & \cdots & a_{nn} \end{vmatrix}.$$

性质 1 行列式与其转置行列式相等,即 $D = D^{\mathrm{T}}$.

性质 1 说明在行列式中,行与列的地位是对称的.因此,行列式中凡是对行成立的性质,对列也同样成立.以后叙述行列式的性质和定理时,我们只对行来说明,但对列同样成立.

由例 4.4 及性质 1 可得上三角行列式

$$D = \begin{vmatrix} a_{11} & a_{12} & \cdots & a_{1n} \\ 0 & a_{22} & \cdots & a_{2n} \\ \vdots & \vdots & & \vdots \\ 0 & 0 & \cdots & a_{nn} \end{vmatrix} = a_{11} a_{22} \cdots a_{nn}.$$

性质 2 行列式的两行(或列)互换,则行列式反号,即

$$\begin{vmatrix} a_{11} & a_{12} & \cdots & a_{1n} \\ \vdots & \vdots & & \vdots \\ a_{i1} & a_{i2} & \cdots & a_{in} \\ \vdots & \vdots & & \vdots \\ a_{j1} & a_{j2} & \cdots & a_{jn} \\ \vdots & \vdots & & \vdots \\ a_{n1} & a_{n2} & \cdots & a_{nn} \end{vmatrix} = - \begin{vmatrix} a_{11} & a_{12} & \cdots & a_{1n} \\ \vdots & \vdots & & \vdots \\ a_{j1} & a_{j2} & \cdots & a_{jn} \\ \vdots & \vdots & & \vdots \\ a_{i1} & a_{i2} & \cdots & a_{in} \\ \vdots & \vdots & & \vdots \\ a_{n1} & a_{n2} & \cdots & a_{nn} \end{vmatrix}.$$

推论 1 若行列式中两行(或列)对应元素相同,则行列式的值为零.

证 设 D 的第 i 行与第 j 行相同.由性质 2,若交换 D 的第 i 行与第 j 行,则可得 $D=-D$,所以 $D=0$.

性质 3 若行列式中某一行(或列)有公因子 k,则可将公因子 k 提到行列式外,即

$$D = \begin{vmatrix} a_{11} & a_{12} & \cdots & a_{1n} \\ \vdots & \vdots & & \vdots \\ ka_{i1} & ka_{i2} & \cdots & ka_{in} \\ \vdots & \vdots & & \vdots \\ a_{n1} & a_{n2} & \cdots & a_{nn} \end{vmatrix} = k \begin{vmatrix} a_{11} & a_{12} & \cdots & a_{1n} \\ \vdots & \vdots & & \vdots \\ a_{i1} & a_{i2} & \cdots & a_{in} \\ \vdots & \vdots & & \vdots \\ a_{n1} & a_{n2} & \cdots & a_{nn} \end{vmatrix}.$$

证 将 D 按第 i 行展开即可得证.

推论 2 有一行(或列)的元素全为零的行列式的值等于零.

证 元素全为 0 的行显然有公因子 0,提到行列式外即得证.

推论 3 若行列式中有两行(或列)元素对应成比例,则此行列式的值为零.

证 由性质 3 和推论 1 即得.

性质 4 若行列式中某一行(或列)的元素都是两数之和,则此行列式可表示为两个行列式的和,即

$$D = \begin{vmatrix} a_{11} & a_{12} & \cdots & a_{1n} \\ \vdots & \vdots & & \vdots \\ a_{i1}+b_{i1} & a_{i2}+b_{i2} & \cdots & a_{in}+b_{in} \\ \vdots & \vdots & & \vdots \\ a_{n1} & a_{n2} & \cdots & a_{nn} \end{vmatrix} = \begin{vmatrix} a_{11} & a_{12} & \cdots & a_{1n} \\ \vdots & \vdots & & \vdots \\ a_{i1} & a_{i2} & \cdots & a_{in} \\ \vdots & \vdots & & \vdots \\ a_{n1} & a_{n2} & \cdots & a_{nn} \end{vmatrix} + \begin{vmatrix} a_{11} & a_{12} & \cdots & a_{1n} \\ \vdots & \vdots & & \vdots \\ b_{i1} & b_{i2} & \cdots & b_{in} \\ \vdots & \vdots & & \vdots \\ a_{n1} & a_{n2} & \cdots & a_{nn} \end{vmatrix}.$$

证 由定理 4.1,将行列式 D 按第 i 行展开,得

$$D = \sum_{j=1}^{n}(a_{ij}+b_{ij})A_{ij} = \sum_{j=1}^{n}a_{ij}A_{ij}+\sum_{j=1}^{n}b_{ij}A_{ij}$$

$$= \begin{vmatrix} a_{11} & a_{12} & \cdots & a_{1n} \\ \vdots & \vdots & & \vdots \\ a_{i1} & a_{i2} & \cdots & a_{in} \\ \vdots & \vdots & & \vdots \\ a_{n1} & a_{n2} & \cdots & a_{nn} \end{vmatrix} + \begin{vmatrix} a_{11} & a_{12} & \cdots & a_{1n} \\ \vdots & \vdots & & \vdots \\ b_{i1} & b_{i2} & \cdots & b_{in} \\ \vdots & \vdots & & \vdots \\ a_{n1} & a_{n2} & \cdots & a_{nn} \end{vmatrix}.$$

性质 5 将行列式的某一行(或列)的 k 倍加到另一行(或列)上去,则行列式的值不变,即

$$\begin{vmatrix} a_{11} & a_{12} & \cdots & a_{1n} \\ \vdots & \vdots & & \vdots \\ a_{i1} & a_{i2} & \cdots & a_{in} \\ \vdots & \vdots & & \vdots \\ a_{j1} & a_{j2} & \cdots & a_{jn} \\ \vdots & \vdots & & \vdots \\ a_{n1} & a_{n2} & \cdots & a_{nn} \end{vmatrix} = \begin{vmatrix} a_{11} & a_{12} & \cdots & a_{1n} \\ \vdots & \vdots & & \vdots \\ a_{i1} & a_{i2} & \cdots & a_{in} \\ \vdots & \vdots & & \vdots \\ ka_{i1}+a_{j1} & ka_{i2}+a_{j2} & \cdots & ka_{in}+a_{jn} \\ \vdots & \vdots & & \vdots \\ a_{n1} & a_{n2} & \cdots & a_{nn} \end{vmatrix}.$$

证 由性质 4 和推论 3 即可得.

性质 6 行列式的某一行(或列)的元素与另一行(或列)对应元素的代数余子式乘积之和等于零.

若 n 阶行列式 $D=|a_{ij}|$,则

$$a_{i1}A_{s1}+a_{i2}A_{s2}+\cdots+a_{in}A_{sn}=0 \quad (i\neq s),$$
$$a_{1j}A_{1t}+a_{2j}A_{2t}+\cdots+a_{nj}A_{nt}=0 \quad (j\neq t).$$

证 不妨设 $i<s$,作辅助行列式 $D_1 = \begin{vmatrix} a_{11} & a_{12} & \cdots & a_{1n} \\ \vdots & \vdots & & \vdots \\ a_{i1} & a_{i2} & \cdots & a_{in} \\ \vdots & \vdots & & \vdots \\ a_{i1} & a_{i2} & \cdots & a_{in} \\ \vdots & \vdots & & \vdots \\ a_{n1} & a_{n2} & \cdots & a_{nn} \end{vmatrix} \begin{matrix} \\ \\ \text{第 } i \text{ 行} \\ \\ \text{第 } s \text{ 行} \\ \\ \end{matrix}$,则

由推论 1 知 $D_1=0$. 由定理 4.1,将 D_1 按第 s 行展开,得

$$D_1 = a_{i1}A_{s1}+a_{i2}A_{s2}+\cdots+a_{in}A_{sn}.$$

所以 $a_{i1}A_{s1}+a_{i2}A_{s2}+\cdots+a_{in}A_{sn}=0$.

综合定理 4.1 和上述推论,我们得到下面的结论:

$$\sum_{k=1}^{n}a_{ik}A_{sk} = \begin{cases} D, & i=s, \\ 0, & i\neq s; \end{cases} \tag{4.8}$$

$$\sum_{k=1}^{n} a_{kj} A_{kt} = \begin{cases} D, & j=t, \\ 0, & j \neq t. \end{cases} \quad (4.9)$$

利用上述性质,可以方便地计算行列式.特别是可以利用性质2、性质3、性质5将行列式化成三角行列式来进行计算,这是求行列式的一种基本方法.以下用 $r_i \leftrightarrow r_j$ 表示交换行列式的第 i 行与第 j 行;用 kr_i 表示非零常数 k 乘矩阵的第 i 行的所有元素;用 $kr_i + r_j$ 表示非零常数 k 乘矩阵第 i 行的所有元素后加到第 j 行的对应元素上.若将定义中的"行"换成"列",相应地记为 $c_i \leftrightarrow c_j, kc_i$ 和 $kc_i + c_j$.

例 4.7 计算行列式 $D = \begin{vmatrix} 0 & 1 & 1 & 2 \\ 1 & -1 & 0 & 2 \\ 1 & 2 & -1 & 1 \\ 1 & 1 & 1 & 0 \end{vmatrix}.$

解 $D = \begin{vmatrix} 0 & 1 & 1 & 2 \\ 1 & -1 & 0 & 2 \\ 1 & 2 & -1 & 1 \\ 1 & 1 & 1 & 0 \end{vmatrix} \xrightarrow{r_1 \leftrightarrow r_2} - \begin{vmatrix} 1 & -1 & 0 & 2 \\ 0 & 1 & 1 & 2 \\ 1 & 2 & -1 & 1 \\ 1 & 1 & 1 & 0 \end{vmatrix}$

$\xrightarrow{(-1) \times r_1 + r_3, (-1) \times r_1 + r_4} - \begin{vmatrix} 1 & -1 & 0 & 2 \\ 0 & -1 & -1 & 2 \\ 0 & 3 & -1 & -1 \\ 0 & 2 & 1 & -2 \end{vmatrix}$

$\xrightarrow{3r_2 + r_3, 2r_2 + r_4} - \begin{vmatrix} 1 & -1 & 0 & 2 \\ 0 & -1 & -1 & 2 \\ 0 & 0 & -4 & 5 \\ 0 & 0 & -1 & 2 \end{vmatrix}$

$\xrightarrow{r_3 \leftrightarrow r_4} \begin{vmatrix} 1 & -1 & 0 & 2 \\ 0 & -1 & -1 & 2 \\ 0 & 0 & -1 & 2 \\ 0 & 0 & -4 & 5 \end{vmatrix}$

$\xrightarrow{(-4) \times r_3 + r_4} \begin{vmatrix} 1 & -1 & 0 & 2 \\ 0 & -1 & -1 & 2 \\ 0 & 0 & -1 & 2 \\ 0 & 0 & 0 & -3 \end{vmatrix}$

$= 1 \times (-1) \times (-1) \times (-3) = -3.$

这个例子表明利用性质2、性质3、性质5计算行列式的思路是首先找行列式中的一行作为基准行,通常找第一个元素为1或者为尽可能简单的数的一行,然后利用性质 5 把其余各行的第一个元素化为 0.再在第一个元素为 0 的行中找一基准行,把其余各行的第二个元素化为 0.依此类推,直到不能继续,此时行列式就化为一个三角行列式.这种方法本质上就是化矩阵为最简形的消元法.

例 4.8 计算 n 阶行列式 $\begin{vmatrix} 2 & 3 & 3 & \cdots & 3 \\ 3 & 2 & 3 & \cdots & 3 \\ 3 & 3 & 2 & \cdots & 3 \\ \vdots & \vdots & \vdots & & \vdots \\ 3 & 3 & 3 & \cdots & 2 \end{vmatrix}$.

解

$\begin{vmatrix} 2 & 3 & 3 & \cdots & 3 \\ 3 & 2 & 3 & \cdots & 3 \\ 3 & 3 & 2 & \cdots & 3 \\ \vdots & \vdots & \vdots & & \vdots \\ 3 & 3 & 3 & \cdots & 2 \end{vmatrix} \xlongequal{c_2+c_1,c_3+c_1,\cdots,c_n+c_1} \begin{vmatrix} 2+(n-1)\times 3 & 3 & 3 & \cdots & 3 \\ 2+(n-1)\times 3 & 2 & 3 & \cdots & 3 \\ 2+(n-1)\times 3 & 3 & 2 & \cdots & 3 \\ \vdots & \vdots & \vdots & & \vdots \\ 2+(n-1)\times 3 & 3 & 3 & \cdots & 2 \end{vmatrix}$

$\xlongequal{(-1)r_1+r_2,(-1)r_1+r_3,\cdots,(-1)r_1+r_n} \begin{vmatrix} 2+(n-1)\times 3 & 3 & 3 & \cdots & 3 \\ 0 & 2-3 & 0 & \cdots & 0 \\ 0 & 0 & 2-3 & \cdots & 0 \\ \vdots & \vdots & \vdots & & \vdots \\ 0 & 0 & 0 & \cdots & 2-3 \end{vmatrix}$

$= [2+(n-1)\times 3]\times(-1)^{n-1} = (-1)^{n-1}(3n-1)$.

计算行列式的另一种基本方法是利用行列式的展开定理.为减少计算量,我们通常先利用行列式的性质将行列式的某行(或列)化出较多的零元素,再按该行(或列)展开.

例 4.9 计算行列式 $D = \begin{vmatrix} -2 & 1 & 3 & 1 \\ 1 & 0 & -1 & 2 \\ 1 & 3 & 4 & -2 \\ 0 & 1 & 0 & -1 \end{vmatrix}$.

解 注意到第 4 行有 2 个零元素,在按第 4 行展开之前可以先进行适当变换,使得该行仅剩一个非零元素.

$D \xlongequal{c_2+c_4} \begin{vmatrix} -2 & 1 & 3 & 2 \\ 1 & 0 & -1 & 2 \\ 1 & 3 & 4 & 1 \\ 0 & 1 & 0 & 0 \end{vmatrix} = (-1)^{4+2} \begin{vmatrix} -2 & 3 & 2 \\ 1 & -1 & 2 \\ 1 & 4 & 1 \end{vmatrix}$

$$\xrightarrow[(-1)r_3+r_2]{2r_3+r_1} \begin{vmatrix} 0 & 11 & 4 \\ 0 & -5 & 1 \\ 1 & 4 & 1 \end{vmatrix} = (-1)^{3+1} \begin{vmatrix} 11 & 4 \\ -5 & 1 \end{vmatrix} = 31.$$

例 4.10 计算行列式 $D = \begin{vmatrix} a & -a & 0 & 0 \\ 0 & b & -b & 0 \\ 0 & 0 & c & -c \\ 1 & 1 & 1 & 1 \end{vmatrix}$.

解 为了使 D 中的零元素增多,利用行列式的性质得

$$D \xrightarrow{c_4+c_3} \begin{vmatrix} a & -a & 0 & 0 \\ 0 & b & -b & 0 \\ 0 & 0 & 0 & -c \\ 1 & 1 & 2 & 1 \end{vmatrix} \xrightarrow{c_3+c_2} \begin{vmatrix} a & -a & 0 & 0 \\ 0 & 0 & -b & 0 \\ 0 & 0 & 0 & -c \\ 1 & 3 & 2 & 1 \end{vmatrix}$$

$$\xrightarrow{c_2+c_1} \begin{vmatrix} 0 & -a & 0 & 0 \\ 0 & 0 & -b & 0 \\ 0 & 0 & 0 & -c \\ 4 & 3 & 2 & 1 \end{vmatrix} = (-1)^{4+1} \times 4 \begin{vmatrix} -a & 0 & 0 \\ 0 & -b & 0 \\ 0 & 0 & -c \end{vmatrix}$$

$$= 4abc.$$

例 4.11 计算 n 阶行列式 $D_n = \begin{vmatrix} x & y & 0 & \cdots & 0 & 0 \\ 0 & x & y & \cdots & 0 & 0 \\ \vdots & \vdots & \vdots & & \vdots & \vdots \\ 0 & 0 & 0 & \cdots & x & y \\ y & 0 & 0 & \cdots & 0 & x \end{vmatrix}$.

解 将行列式按第一列展开:

$$D_n = x \begin{vmatrix} x & y & \cdots & 0 & 0 \\ 0 & x & \cdots & 0 & 0 \\ \vdots & \vdots & & \vdots & \vdots \\ 0 & 0 & \cdots & x & y \\ 0 & 0 & \cdots & 0 & x \end{vmatrix} + (-1)^{n+1} y \begin{vmatrix} y & 0 & \cdots & 0 & 0 \\ x & y & \cdots & 0 & 0 \\ \vdots & \vdots & & \vdots & \vdots \\ 0 & 0 & \cdots & x & y \end{vmatrix}$$

$$= x^n + (-1)^{n+1} y^n.$$

例 4.12 证明 n 阶范德蒙(Vandermonde)行列式

$$D_n = \begin{vmatrix} 1 & 1 & 1 & \cdots & 1 \\ x_1 & x_2 & x_3 & \cdots & x_n \\ x_1^2 & x_2^2 & x_3^2 & \cdots & x_n^2 \\ \vdots & \vdots & \vdots & & \vdots \\ x_1^{n-1} & x_2^{n-1} & x_3^{n-1} & \cdots & x_n^{n-1} \end{vmatrix} \qquad (4.10)$$

$$= \prod_{1 \leqslant j < i \leqslant n} (x_i - x_j) \quad (n \geqslant 2),$$

其中 $\prod_{1 \leqslant j < i \leqslant n}(x_i - x_j)$ 表示满足 $1 \leqslant j < i \leqslant n$ 的全部形如 $x_i - x_j$ 的因子的乘积.

证 对 n 使用数学归纳法. 因为

$$D_2 = \begin{vmatrix} 1 & 1 \\ x_1 & x_2 \end{vmatrix} = x_2 - x_1 = \prod_{1 \leqslant j < i \leqslant 2}(x_i - x_j).$$

可知(4.10)式当 $n=2$ 时成立. 假设(4.10)式对 $n-1$ 阶范德蒙行列式成立,下证(4.10)式对 n 阶范德蒙行列式也成立.

在 D_n 中,从第 n 行开始,由下往上,下一行减去上一行的 x_1 倍,得到

$$D_n = \begin{vmatrix} 1 & 1 & 1 & \cdots & 1 \\ 0 & x_2 - x_1 & x_3 - x_1 & \cdots & x_n - x_1 \\ 0 & x_2^2 - x_1 x_2 & x_3^2 - x_1 x_3 & \cdots & x_n^2 - x_1 x_n \\ \vdots & \vdots & \vdots & & \vdots \\ 0 & x_2^{n-1} - x_1 x_2^{n-2} & x_3^{n-1} - x_1 x_3^{n-2} & \cdots & x_n^{n-1} - x_1 x_n^{n-2} \end{vmatrix}.$$

按第一列展开得

$$D_n = \begin{vmatrix} x_2 - x_1 & x_3 - x_1 & \cdots & x_n - x_1 \\ x_2^2 - x_1 x_2 & x_3^2 - x_1 x_3 & \cdots & x_n^2 - x_1 x_n \\ \vdots & \vdots & & \vdots \\ x_2^{n-1} - x_1 x_2^{n-2} & x_3^{n-1} - x_1 x_3^{n-2} & \cdots & x_n^{n-1} - x_1 x_n^{n-2} \end{vmatrix},$$

从第一列提取公因子 $x_2 - x_1$,第二列提取公因子 $x_3 - x_1$,$\cdots$,第 $n-1$ 列提取公因子 $x_n - x_1$,依此类推,就有

$$D_n = (x_2 - x_1)(x_3 - x_1) \cdots (x_n - x_1) \begin{vmatrix} 1 & 1 & \cdots & 1 \\ x_2 & x_3 & \cdots & x_n \\ \vdots & \vdots & & \vdots \\ x_2^{n-2} & x_3^{n-2} & \cdots & x_n^{n-2} \end{vmatrix}.$$

上式右端的行列式是 $n-1$ 阶范德蒙行列式,由归纳假设,它等于 $\prod_{2 \leqslant j < i \leqslant n}(x_i - x_j)$,于是

$$D_n = (x_2-x_1)(x_3-x_1)\cdots(x_n-x_1)\prod_{2\leqslant j<i\leqslant n}(x_i-x_j)$$
$$= \prod_{1\leqslant j<i\leqslant n}(x_i-x_j).$$

范德蒙行列式在工程技术中有较为广泛的应用.

§4.3 行列式的应用

这一节,我们首先介绍行列式在矩阵理论中的一些应用,然后应用行列式来讨论一类特殊线性方程组的求解问题.

一、方阵的行列式

定义 4.2 由 n 阶方阵 $\boldsymbol{A}=(a_{ij})$ 所确定的 n 阶行列式

$$\begin{vmatrix} a_{11} & a_{12} & \cdots & a_{1n} \\ a_{21} & a_{22} & \cdots & a_{2n} \\ \vdots & \vdots & & \vdots \\ a_{n1} & a_{n2} & \cdots & a_{nn} \end{vmatrix}$$

称为方阵 $\boldsymbol{A}$ 的行列式,记为 $|\boldsymbol{A}|$ 或 $\det \boldsymbol{A}$.

注意 方阵与方阵的行列式是不同的,一般的矩阵并没有行列式,只有方阵才有行列式.方阵的行列式具有如下性质:

定理 4.2 若 $\boldsymbol{A},\boldsymbol{B}$ 均为 n 阶方阵,则

(1) $|\boldsymbol{A}|=|\boldsymbol{A}^{\mathrm{T}}|$;

(2) $|k\boldsymbol{A}|=k^n|\boldsymbol{A}|$($k$ 是任意实数);

(3) $|\boldsymbol{AB}|=|\boldsymbol{A}||\boldsymbol{B}|$,即方阵乘积的行列式等于其因子的行列式之乘积.

证明略去.

例 4.13 设矩阵 $\boldsymbol{A}=\begin{pmatrix} 1 & 0 & 1 \\ 2 & 1 & 0 \\ -1 & 1 & 1 \end{pmatrix},\boldsymbol{B}=\begin{pmatrix} 1 & 0 & 1 \\ 1 & 0 & 0 \\ 1 & 1 & 1 \end{pmatrix}$,求 $|\boldsymbol{AB}|$.

解 $\boldsymbol{AB}=\begin{pmatrix} 2 & 1 & 2 \\ 3 & 0 & 2 \\ 1 & 1 & 0 \end{pmatrix}$,所以 $|\boldsymbol{AB}|=4$.或者 $|\boldsymbol{A}|=4$,$|\boldsymbol{B}|=1$,可知 $|\boldsymbol{AB}|=|\boldsymbol{A}||\boldsymbol{B}|=4$.

二、方阵可逆的充要条件

设 $\boldsymbol{A}$ 是一个 n 阶方阵,把 $\boldsymbol{A}$ 中元素 a_{ij} 都换成它的代数余子式 A_{ij},再

转置,所得的矩阵 $A^* = \begin{pmatrix} A_{11} & A_{21} & \cdots & A_{n1} \\ A_{12} & A_{22} & \cdots & A_{n2} \\ \vdots & \vdots & & \vdots \\ A_{1n} & A_{2n} & \cdots & A_{nn} \end{pmatrix}$ 称为 A 的伴随矩阵.

由此,我们得到下面的定理:

定理 4.3 n 阶方阵 A 可逆的充要条件是 $|A| \neq 0$,此时

$$A^{-1} = \frac{1}{|A|} A^*.$$

证 由(4.8)式和(4.9)式知

$$AA^* = A^*A = \begin{pmatrix} |A| & 0 & \cdots & 0 \\ 0 & |A| & \cdots & 0 \\ \vdots & \vdots & & \vdots \\ 0 & 0 & \cdots & |A| \end{pmatrix} = |A|I.$$

当 $|A| \neq 0$ 时,有 $A\left(\frac{1}{|A|}A^*\right) = \left(\frac{1}{|A|}A^*\right)A = I$,从而 A 可逆;当 A 可逆时,即存在 n 阶方阵 B,使 $AB = I$,则由定理 4.2 知 $|A||B| = |AB| = |I| = 1$,从而 $|A| \neq 0$.

例 4.14 求矩阵 $A = \begin{pmatrix} 1 & 0 & 1 \\ 2 & 1 & 0 \\ -1 & 1 & 1 \end{pmatrix}$ 的逆矩阵.

解 因为 $|A| = \begin{vmatrix} 1 & 0 & 1 \\ 2 & 1 & 0 \\ -1 & 1 & 1 \end{vmatrix} = 4 \neq 0$,所以 A 可逆.又

$$A_{11} = \begin{vmatrix} 1 & 0 \\ 1 & 1 \end{vmatrix} = 1, A_{12} = -\begin{vmatrix} 2 & 0 \\ -1 & 1 \end{vmatrix} = -2, A_{13} = \begin{vmatrix} 2 & 1 \\ -1 & 1 \end{vmatrix} = 3,$$

$$A_{21} = -\begin{vmatrix} 0 & 1 \\ 1 & 1 \end{vmatrix} = 1, A_{22} = \begin{vmatrix} 1 & 1 \\ -1 & 1 \end{vmatrix} = 2, A_{23} = -\begin{vmatrix} 1 & 0 \\ -1 & 1 \end{vmatrix} = -1,$$

$$A_{31} = \begin{vmatrix} 0 & 1 \\ 1 & 0 \end{vmatrix} = -1, A_{32} = -\begin{vmatrix} 1 & 1 \\ 2 & 0 \end{vmatrix} = 2, A_{33} = \begin{vmatrix} 1 & 0 \\ 2 & 1 \end{vmatrix} = 1,$$

所以

$$A^{-1} = \frac{1}{|A|}A^* = \frac{1}{4}\begin{pmatrix} 1 & 1 & -1 \\ -2 & 2 & 2 \\ 3 & -1 & 1 \end{pmatrix} = \begin{pmatrix} \frac{1}{4} & \frac{1}{4} & -\frac{1}{4} \\ -\frac{1}{2} & \frac{1}{2} & \frac{1}{2} \\ \frac{3}{4} & -\frac{1}{4} & \frac{1}{4} \end{pmatrix}.$$

三、克莱姆法则

定理 4.4(克莱姆法则) 如果线性方程组

$$\begin{cases} a_{11}x_1 + a_{12}x_2 + \cdots + a_{1n}x_n = b_1, \\ a_{21}x_1 + a_{22}x_2 + \cdots + a_{2n}x_n = b_2, \\ \quad\vdots \\ a_{n1}x_1 + a_{n2}x_2 + \cdots + a_{nn}x_n = b_n \end{cases} \tag{4.11}$$

的系数行列式 $|\boldsymbol{A}| \neq 0$,则线性方程组(4.11)有唯一解,并且其解可表示为

$$x_1 = \frac{D_1}{|\boldsymbol{A}|}, x_2 = \frac{D_2}{|\boldsymbol{A}|}, \cdots, x_n = \frac{D_n}{|\boldsymbol{A}|}. \tag{4.12}$$

其中 $D_j(j=1,2,\cdots,n)$ 表示把矩阵 $\boldsymbol{A}$ 中第 j 列换成 $\boldsymbol{B}=(b_1,b_2,\cdots,b_n)^{\mathrm{T}}$ 所成的行列式,即

$$D_j = \begin{vmatrix} a_{11} & \cdots & a_{1,j-1} & b_1 & a_{1,j+1} & \cdots & a_{1n} \\ a_{21} & \cdots & a_{2,j-1} & b_2 & a_{2,j+1} & \cdots & a_{2n} \\ \vdots & & \vdots & \vdots & \vdots & & \vdots \\ a_{n1} & \cdots & a_{n,j-1} & b_n & a_{n,j+1} & \cdots & a_{nn} \end{vmatrix}.$$

证 记 $\boldsymbol{X}=(x_1,x_2,\cdots,x_n)^{\mathrm{T}}, \boldsymbol{B}=(b_1,b_2,\cdots,b_n)^{\mathrm{T}}$. 由于 $|\boldsymbol{A}|\neq 0$,所以 $\boldsymbol{A}$ 可逆.于是方程组有唯一的解 $\boldsymbol{X}=\boldsymbol{A}^{-1}\boldsymbol{B}$.由于 $\boldsymbol{A}^{-1}=\dfrac{1}{|\boldsymbol{A}|}\boldsymbol{A}^*$,所以 $\boldsymbol{X}=\boldsymbol{A}^{-1}\boldsymbol{B}$ 又可写为

$$\begin{pmatrix} x_1 \\ x_2 \\ \vdots \\ x_n \end{pmatrix} = \frac{1}{|\boldsymbol{A}|} \begin{pmatrix} A_{11} & A_{21} & \cdots & A_{n1} \\ A_{12} & A_{22} & \cdots & A_{n2} \\ \vdots & \vdots & & \vdots \\ A_{1n} & A_{2n} & \cdots & A_{nn} \end{pmatrix} \begin{pmatrix} b_1 \\ b_2 \\ \vdots \\ b_n \end{pmatrix}.$$

由行列式展开定理知

$$\begin{aligned} x_j &= \frac{1}{|\boldsymbol{A}|}(b_1 A_{1j} + b_2 A_{2j} + \cdots + b_n A_{nj}) \\ &= \frac{1}{|\boldsymbol{A}|} \begin{vmatrix} a_{11} & \cdots & a_{1,j-1} & b_1 & a_{1,j+1} & \cdots & a_{1n} \\ a_{21} & \cdots & a_{2,j-1} & b_2 & a_{2,j+1} & \cdots & a_{2n} \\ \vdots & & \vdots & \vdots & \vdots & & \vdots \\ a_{n1} & \cdots & a_{n,j-1} & b_n & a_{n,j+1} & \cdots & a_{nn} \end{vmatrix} \\ &= \frac{D_j}{|\boldsymbol{A}|} (j=1,2,\cdots,n). \end{aligned}$$

推论 如果齐次线性方程组

$$\begin{cases} a_{11}x_1+a_{12}x_2+\cdots+a_{1n}x_n=0, \\ a_{21}x_1+a_{22}x_2+\cdots+a_{2n}x_n=0, \\ \qquad\qquad\vdots \\ a_{n1}x_1+a_{n2}x_2+\cdots+a_{nn}x_n=0 \end{cases}$$

的系数行列式 $|\boldsymbol{A}|\neq 0$,那么它只有零解.

例 4.15 解四元线性方程组

$$\begin{cases} x_1+x_2-x_3+x_4=4, \\ 2x_1+x_2-x_3+2x_4=4, \\ x_1+2x_2-3x_3+4x_4=12, \\ 3x_1+x_2-2x_3+2x_4=6. \end{cases}$$

解 由于系数行列式 $|\boldsymbol{A}|=\begin{vmatrix} 1 & 1 & -1 & 1 \\ 2 & 1 & -1 & 2 \\ 1 & 2 & -3 & 4 \\ 3 & 1 & -2 & 2 \end{vmatrix}=-4\neq 0$,并且

$$D_1=\begin{vmatrix} 4 & 1 & -1 & 1 \\ 4 & 1 & -1 & 2 \\ 12 & 2 & -3 & 4 \\ 6 & 1 & -2 & 2 \end{vmatrix}=2, D_2=\begin{vmatrix} 1 & 4 & -1 & 1 \\ 2 & 4 & -1 & 2 \\ 1 & 12 & -3 & 4 \\ 3 & 6 & -2 & 2 \end{vmatrix}=-6,$$

$$D_3=\begin{vmatrix} 1 & 1 & 4 & 1 \\ 2 & 1 & 4 & 2 \\ 1 & 2 & 12 & 4 \\ 3 & 1 & 6 & 2 \end{vmatrix}=10, D_4=\begin{vmatrix} 1 & 1 & -1 & 4 \\ 2 & 1 & -1 & 4 \\ 1 & 2 & -3 & 12 \\ 3 & 1 & -2 & 6 \end{vmatrix}=-2,$$

所以此方程组的唯一解为

$$x_1=\frac{D_1}{|\boldsymbol{A}|}=\frac{2}{-4}=-\frac{1}{2}, x_2=\frac{D_2}{|\boldsymbol{A}|}=\frac{-6}{-4}=\frac{3}{2},$$

$$x_3=\frac{D_3}{|\boldsymbol{A}|}=\frac{10}{-4}=-\frac{5}{2}, x_4=\frac{D_4}{|\boldsymbol{A}|}=\frac{-2}{-4}=\frac{1}{2}.$$

例 4.16 当 k 取什么值时,下面的方程组有唯一解?有唯一解时,求出其解.

$$\begin{cases} x_1-x_2+kx_3=1, \\ -x_1+kx_2+x_3=-1, \\ x_1-x_2+2x_3=0. \end{cases}$$

解 因为系数行列式

$$|\boldsymbol{A}| = \begin{vmatrix} 1 & -1 & k \\ -1 & k & 1 \\ 1 & -1 & 2 \end{vmatrix} \xrightarrow[(-1)r_1+r_3]{r_1+r_2} \begin{vmatrix} 1 & -1 & k \\ 0 & k-1 & k+1 \\ 0 & 0 & 2-k \end{vmatrix}$$

$$= \begin{vmatrix} k-1 & k+1 \\ 0 & 2-k \end{vmatrix} = (k-1)(2-k),$$

所以由克莱姆法则知,当 $k \neq 1$ 且 $k \neq 2$ 时,$|\boldsymbol{A}| \neq 0$,方程组有唯一解.此时

$$D_1 = \begin{vmatrix} 1 & -1 & k \\ -1 & k & 1 \\ 0 & -1 & 2 \end{vmatrix} = 3k-1, D_2 = \begin{vmatrix} 1 & 1 & k \\ -1 & -1 & 1 \\ 1 & 0 & 2 \end{vmatrix} = k+1,$$

$$D_3 = \begin{vmatrix} 1 & -1 & 1 \\ -1 & k & -1 \\ 1 & -1 & 0 \end{vmatrix} = 1-k.$$

于是方程组的解为

$$x_1 = \frac{D_1}{|\boldsymbol{A}|} = \frac{3k-1}{(k-1)(2-k)}, x_2 = \frac{D_2}{|\boldsymbol{A}|} = \frac{k+1}{(k-1)(2-k)}, x_3 = \frac{D_3}{|\boldsymbol{A}|} = \frac{1}{k-2}.$$

克莱姆法则只能用于方程的个数与未知数个数相等,且系数行列式不为零的方程组,对于一般形式的方程组的求解问题,需要寻求其他方法.

习 题 4

1. 计算下列二阶行列式:

(1) $\begin{vmatrix} 1 & 2 \\ 5 & 3 \end{vmatrix}$; (2) $\begin{vmatrix} \cos\alpha & -\sin\alpha \\ \sin\beta & \cos\beta \end{vmatrix}$.

2. 若 $\begin{vmatrix} a & 1 & 2 \\ 0 & a & 1 \\ 1 & a & 1 \end{vmatrix} = 0$,求 a 的值.

3. 计算下列三阶行列式:

(1) $\begin{vmatrix} 5 & 2 & 0 \\ 0 & 2 & 5 \\ 1 & 4 & 7 \end{vmatrix}$; (2) $\begin{vmatrix} 1 & 0 & -1 \\ 3 & 5 & 0 \\ 0 & 4 & 1 \end{vmatrix}$.

4. 利用行列式的性质计算下列行列式:

(1) $\begin{vmatrix} 1 & 2 & 3 & 4 \\ 2 & 3 & 4 & 1 \\ 3 & 4 & 1 & 2 \\ 4 & 1 & 2 & 3 \end{vmatrix}$; (2) $\begin{vmatrix} 1 & a & b & c \\ a & 1 & 0 & 0 \\ b & 0 & 1 & 0 \\ c & 0 & 0 & 1 \end{vmatrix}$;

(3) $\begin{vmatrix} a & b & c & d \\ a & d & c & b \\ c & d & a & b \\ c & b & a & d \end{vmatrix}$;

(4) $\begin{vmatrix} 1 & 1 & 1 & 1 \\ x_1 & x_2 & x_3 & 1 \\ x_1^2 & x_2^2 & x_3^2 & 1 \\ x_1^3 & x_2^3 & x_3^3 & 1 \end{vmatrix}.$

5. 已知 $\begin{vmatrix} a & b & c \\ 1 & 2 & -2 \\ -3 & -6 & 1 \end{vmatrix} = 1$,求下列各行列式的值:

(1) $\begin{vmatrix} 2a & 2b & 2c \\ 1 & 2 & -2 \\ -3 & -6 & 1 \end{vmatrix}$;

(2) $\begin{vmatrix} a-1 & b-2 & c+2 \\ 1 & 2 & -2 \\ -3 & -6 & 1 \end{vmatrix}.$

6. 计算下列 n 阶行列式:

(1) $\begin{vmatrix} 1 & 1 & 1 & \cdots & 1 \\ 1 & 0 & 1 & \cdots & 1 \\ 1 & 1 & 0 & \cdots & 1 \\ \vdots & \vdots & \vdots & & \vdots \\ 1 & 1 & 1 & \cdots & 0 \end{vmatrix}$;

(2) $\begin{vmatrix} x & a & \cdots & a \\ a & x & \cdots & a \\ \vdots & \vdots & & \vdots \\ a & a & \cdots & x \end{vmatrix}.$

7. 利用克莱姆法则解下列线性方程组:

(1) $\begin{cases} x_1 + x_2 + x_3 = 1, \\ x_1 + 2x_2 - 2x_3 = 1, \\ 3x_1 - 2x_2 + x_3 = 2; \end{cases}$

(2) $\begin{cases} x_1 - x_2 + x_3 + x_4 = 2, \\ x_1 + x_2 + x_4 = 3, \\ x_2 - 2x_3 + 2x_4 = 1, \\ 2x_1 - x_2 + 2x_3 + x_4 = 4. \end{cases}$

8. 试问:当 λ 分别取何值时,下面的齐次线性方程组有非零解? 仅有零解?

$$\begin{cases} \lambda x_1 + x_2 + x_3 = 0, \\ x_1 + \lambda x_2 - x_3 = 0, \\ 2x_1 - x_2 + x_3 = 0. \end{cases}$$

 阅读材料

"行列式"的由来

当我们回顾数学发展史时,尤其是在讲述篇幅和深度受限的情况下,往往容易形成一种错觉:历代学者,不论种族或地域,都在朝着一个明确而共同的目标稳步前进,就像一场接力赛,每一棒都准确无误地传递给下一棒,最终汇集成今日教科书中的内容.然而,真实的历史远比这复杂.例如,当我们谈及 n 阶行列式——这一将 n^2 个数映射为一个数的计算规则时,不得不提到"行列式"这一名称的由来.一阶行列式实际上就是那个数本身.行列式记号的标准化,归功于英国人凯莱.他在 1841 年提出了用直线包围 n^2 个数排列成的正方形表示行列式,即我们今天所见的"绝对值"符号的变形.在此之前,虽然人们并没有将数排列成正方形,也没有方阵的概念,但矩阵乘法的思想却已悄然萌发.

行列式在历史上曾有两个含义:它既指代那 n^2 个数,也指代这些数按照特定规则计算出的一个数.因此,柯西(Cauchy,1789—1857)给出的行列式乘法的性质——行列式的乘积相等,初看似乎平淡无奇,但实际上正是我们今天所学的 $|A||B|=|AB|$,其中 A 和 B 是阶数相等的方阵.柯西给出的这一性质,可以说是后来矩阵乘法规则的"预演".

"行列式"这一中文译名是在凯莱的符号被广泛使用之后形成的.那些数被排列成方阵形式,横排称为行,竖排称为列.在英文中,它被称为"determinant",意为"决定因素".高斯(Gauss,1777—1855)在《算术研究》一书中使用了这一名称,并给出了二阶和三阶行列式的乘法性质.随后,柯西将其推广至 n 阶行列式,并给出了证明.

"行列式"一词直观地传达了它与行和列的计算规则有关这一信息,这一命名不仅富有创意,而且准确地指出了其算法核心.与"determinant"相比,"行列式"这一译名更加直观地揭示了其数学内涵.

数学天才——莱布尼茨

莱布尼茨(Leibniz,1646—1716),德国哲学家、数学家,历史上少见的通才,被誉为 17 世纪的亚里士多德.他本人是一名律师,经常往返于各大城镇,据说许多数学公式都是他在颠簸的马车上完成的.

莱布尼茨在数学史和哲学史上都占有重要地位.在数学上,他和牛顿各自发明了微积分,而且莱布尼茨所发明的相关数学符号被普遍认为更综合,适用范围更加广泛.在哲学上,莱布尼茨的乐观主义最为著名.他和笛卡

尔、斯宾诺莎被称为17世纪三位最伟大的理性主义哲学家.

除了数学和哲学外,莱布尼茨在政治学、法学、伦理学、神学、哲学、历史学、语言学等诸多领域都留下了著作.

第5章 概率与概率分布

概率论是一门研究客观世界随机现象的统计规律的数学分支学科.16世纪,意大利学者开始研究掷骰子等赌博中的一些问题.17世纪中叶,法国数学家帕斯卡和荷兰数学家惠更斯基于排列组合的方法,研究了较复杂的赌博问题,解决了合理分配赌注问题(得分问题).使概率论成为数学的一个分支的真正奠基人是瑞士数学家伯努利,而概率论的飞速发展则在17世纪微积分学建立以后.第二次世界大战中,由于军事的需要以及大工业与管理的复杂化,产生了数理统计学、运筹学、系统论、信息论与控制论等学科.数理统计是一门研究怎样去有效地收集、整理和分析带有随机性的数据,以对所考察的问题做出推断或预测,直至为采取一定的决策和行动提供依据与建议的数学分支学科.概率论是数理统计学的基础,数理统计学是概率论的一种应用,它们是两个并列的数学分支学科.

概率论不仅是科学研究的工具,而且在艺术创作中也发挥着重要作用.它能帮助艺术家们探索创新的方法,创作出更加丰富多样和引人入胜的作品.以文学研究为例,概率论可以用于分析文本的统计规律、作者风格等.例如,研究一部作品中某个词汇出现的频率,可以估计该词汇在整部作品中的重要性.在音乐研究中,概率论可用于分析音乐中的音符、节奏、旋律等出现的概率,从而揭示音乐的内在结构和规律.利用概率论还可以分析美术作品中颜色的使用频率、分布和组合,从而揭示作品的主题和情感.基于大量的艺术作品和观众的反应等数据,可以评估和比较不同作品的艺术价值与市场价值;还可以自动生成具有一定风格和主题的艺术作品,为艺术家提供创作灵感.法国数学家拉普拉斯曾说过:生活中最重要的问题,其中绝大多数在实质上只是概率的问题.英国逻辑学家和经济学家杰文斯也曾对概率论大加赞美:概率论是生活真正的领路人,如果没有对概率的某种估计,我们就寸步难行、无所作为.

§5.1 概率论基本概念

一、随机现象与随机事件

在自然界和人类社会活动中,存在两类不同的现象.一类表现为在一定的条件下必然会发生或者必然不会发生.比如,在地球上向上抛掷一个铁球,铁球必定会落在地面上;在标准大气压下把水加热至 100 ℃,水必然沸腾;在一个仅装有白球的箱中取出的球一定是白色的;等等.这类现象称为必然现象或确定性现象.另一类现象表现为在一定的条件下,可能会出现这样的结果,也可能会出现那样的结果,试验的结果不确定.比如,掷一枚质地均匀的骰子出现的点数,从一批产品中任取的一件是否为合格品,某十字路口某天发生汽车碰撞的次数,一局游戏中的得分,等等.这类现象称为随机现象.随机现象在个别试验或观察中结果是不确定的,但在大量重复的试验中,会呈现某种规律性.概率论与数理统计就是研究随机现象统计规律性的数学学科.

研究随机现象的统计规律性,必然要对客观现象进行大量的观察或试验,我们把在相同的条件下可以重复观察或试验的随机现象称为随机试验,简称试验,通常用字母 E 表示.

随机试验满足如下条件:

(1) 试验可以在相同条件下重复进行;

(2) 每次试验的可能结果不止一个,但试验的所有可能结果是明确的;

(3) 试验前不确定出现哪个结果.

在随机试验中,可能出现也可能不出现的现象,称为随机事件,简称事件.例如,小麦种子在播种后可能发芽也可能不发芽;抛掷一枚质地均匀的硬币,其结果可能是硬币正面朝上也可能是反面朝上.随机事件一般用大写的英文字母 $A,B,C,\cdots$ 表示.在每次试验中必然发生的事件称为必然事件,记为 Ω.同时把在每次试验中都不会发生的事件称为不可能事件,记为 $\varnothing$.

在同一样本空间中,往往要考虑许多事件,有些事件比较简单,有些比较复杂.概率论的一个基本研究课题就是希望通过对比较简单的事件的分析,去分析了解复杂事件.由于事件可以表示为样本空间的子集,所以事件之间的关系和运算完全可以归结或转化为集合之间的关系和运算.事件的几种基本关系和运算如下:

(1) **并** 设 A 与 B 是任意两个事件,称"两个事件 A 与 B 至少有一个发生"为事件 A 与 B 的并,记作 $A \cup B$.这样,$A \cup B$ 是由 A 和 B 所包含的一切基本事件构成的.换句话说,如果在试验中,A 发生了,或 B 发生了,或 A 与 B 都发生了,我们说事件 $A \cup B$ 发生.

(2) **交** 设 A 与 B 是任意两个事件,称"两个事件 A 与 B 同时发生"为事件 A 与 B 的交,记作 $A \cap B$ 或 AB.这样,$A \cap B$ 是由既包含在 A 中又包含在 B 中的基本事件构成的.

若事件 A 与 B 不能同时发生,即 $AB = \varnothing$,则称事件 A 与 B 是互不相容的(或互斥的).

(3) **差** 设 A 与 B 是任意两个事件,称"事件 A 发生而事件 B 不发生"为事件 A 与 B 的差,记作 $A - B$.

(4) **余** 在样本空间中,称事件 A 不发生的事件为 A 的对立事件,即事件 A 的余,记为 $\bar{A}$.显然,事件 A 和 A 的对立事件 $\bar{A}$ 必有且仅有一个事件发生,也就是二者不能同时发生,即 $A\bar{A} = \varnothing$,同时 $A \cup \bar{A} = \Omega$.例如,设新生婴儿是男孩为事件 A,新生婴儿是女孩为事件 B,现有一个刚出生的婴儿,这个婴儿要么是男孩,要么是女孩,即 $A \cup B = \Omega$,同时又满足 $AB = \varnothing$,所以 A 与 B 互为对立事件,即 $B = \bar{A}$ 或 $A = \bar{B}$.

若用平面上某个矩形区域表示样本空间 Ω,矩形区域内的点表示样本点,则事件的关系及运算可以用维恩图(也称韦恩图或文氏图)直观地表示出来,如图 5.1 所示.

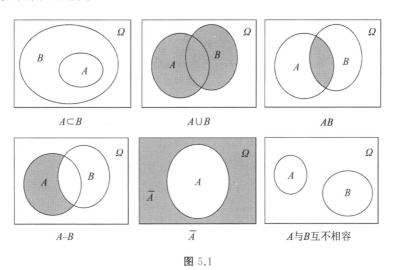

图 5.1

二、频率与概率的定义

对于一个随机试验,我们不仅要知道它可能会出现哪些结果,更重要的是要研究各种结果出现的可能性的大小,从而揭示随机现象内在的规律性.对随机事件发生可能性大小的数量描述即为我们常说的概率.本节主要介绍概率论发展历史上,人们针对不同情况,从不同角度对事件的概率给出的几种定义,并给出相应的概率计算公式和性质.

在相同的条件下重复进行 n 次试验,若事件 A 发生了 M_n 次,则称比值 $\dfrac{M_n}{n}$ 为事件 A 在 n 次试验中出现的频率,记为 $f_n(A)=\dfrac{M_n}{n}$.通过大量的试验,我们很容易看到,随机事件 A 出现的可能性越大,一般来讲,其频率 $f_n(A)$ 也越大.历史上几位科学家的抛硬币试验结果见表 5.1.

表 5.1 抛硬币试验结果

试验者	抛硬币次数	正面向上次数	正面向上频率
德·摩根	2 084	1 061	0.509 1
蒲丰	4 040	2 048	0.506 9
皮尔逊	12 000	6 019	0.501 6
皮尔逊	24 000	12 012	0.500 5

表 5.1 说明随着抛掷次数越来越多,硬币正面向上的频率也越来越趋于一个固定值.我们把在大量的重复试验中,频率常常稳定于某个常数的特性称为频率的稳定性.由于事件 A 发生的可能性大小与其频率大小有密切的关系,而且频率是有稳定性,故可通过频率来定义概率.

定义 5.1(概率的统计定义) 在相同的条件下,进行独立重复的 n 次试验,当试验次数 n 很大时,如果某事件 A 发生的频率 $f_n(A)$ 稳定地在 $[0,1]$ 上的某一数值 p 附近摆动,而且一般来说随着试验次数的增多,这种摆动的幅度会越来越小,那么称数值 p 为事件 A 的概率,记为 $P(A)=p$.

概率的统计定义一方面肯定了任一随机事件的概率是存在的,另一方面又给出了一个近似计算概率的方法,在实际应用的许多场合中,甚至常常简单地把频率当作概率使用.但定义要求试验次数足够大才能得到频率的稳定性,由于经济成本的限制,尤其是一些破坏性试验,不可能进行大量重复的试验,这些都限制了它的应用.

古典概型在概率论的研究中占有相当重要的地位,对它的讨论有助于直观地理解概率论的许多基本概念和性质.古典概型是 16 世纪概率论发展初期的主要研究对象,基于有限等可能情况进行讨论和分析.比如,我们日常生活中的打麻将或扑克牌等就属于古典概型.下面给出概率的古典定义:

定义 5.2(概率的古典定义) 设古典型随机试验的样本空间为 $\Omega = \{\omega_1, \omega_2, \cdots, \omega_n\}$,若事件 A 中含有 $k(k \leqslant n)$ 个样本点,则称 $\dfrac{k}{n}$ 为事件 A 的古典概率,记为

$$P(A) = \frac{k}{n} = \frac{A \text{ 中含有的样本点数}}{\Omega \text{ 中总的样本点数}}. \tag{5.1}$$

计算样本空间 Ω 和事件 A 中的样本点数时通常要利用排列组合的知识,计算时注意避免重复和遗漏.

例 5.1(抽签问题) 设一个袋中有 m 个红球、n 个黑球,它们除颜色外没有区别.现有 $m+n$ 个人依次从袋中随机地取出一个球,求第 k 个人取到红球的概率.

解 设事件 A_k 为"第 k 个人取到红球",$k = 1, 2, \cdots, m+n$.

首先计算样本空间 Ω 中的样本点总数:当 $m+n$ 个人抽取 $m+n$ 个球时,相当于对 $m+n$ 个球进行全排列,故所有的排列总数为 $(m+n)!$.

再计算事件 A_k 中所包含的样本点数:"第 k 个人取到红球"这个事件可以分两步,先取一个红球分给第 k 个人,一共有 m 种分法,再对剩下的 $m+n-1$ 个球进行全排列,即事件 A_k 中共有 $m \cdot (m+n-1)!$ 个样本点,所以

$$P(A_k) = \frac{m \cdot (m+n-1)!}{(m+n)!} = \frac{m}{m+n}, k = 1, 2, \cdots, m+n.$$

从结果来看,事件 A_k 发生的概率与 k 无关,这说明不管第几个人抽,抽到红球的可能性都相同.这也是抽签方法被广泛应用于各种场合的原因.

在工业生产过程中,经常采用下面两种抽样方式进行产品检验:一种称为有放回抽样,即每次抽取一件,检验完后将产品放回,再进行下一次抽取;另一种称为不放回抽样,即每次抽取一件,检验完后不再将产品放回,再抽取下一件.

例 5.2(产品抽样问题) 设有 100 件产品,其中有 95 件正品、5 件次品,分别按照有放回抽样和不放回抽样两种抽样方式抽取 10 件产品,求其中恰有 2 件次品的概率.

解 (1) 有放回抽样.

由于每次抽取的产品要放回,所以每次都是从 100 件产品中抽样,那么 10 次抽取共有 100^{10} 种取法,即样本点总数为 100^{10}.

设事件 A_1 为"从 100 件产品中有放回地依次抽取 10 件产品,其中恰有 2 件次品",即"10 次抽取中有 8 次取得了正品,2 次取得了次品",而 8 次取得的正品都是在 95 件正品中取得的,有 95^8 种取法,2 件次品是在 5

件次品中取到的,故有 5^2 种取法.又因为 2 次取到次品可以是 10 次抽取中的任意 2 次,所以有 C_{10}^2 种情况.因此,事件 A_1 包含的样本点总数为 $C_{10}^2 \times 95^8 \times 5^2$.

依古典概率的定义得

$$P(A_1) = \frac{C_{10}^2 \times 95^8 \times 5^2}{100^{10}} = C_{10}^2 \left(\frac{95}{100}\right)^8 \left(\frac{5}{100}\right)^2 \approx 0.0746.$$

(2) 不放回抽样.

由于每次抽取的产品不再放回,所以第一次抽取时有 100 件产品,第二次抽取时有 99 件产品,…,依此类推,那么 10 次抽取相当于从 100 个元素中取 10 个元素的不允许重复排列,共有 A_{100}^{10} 种取法,即样本点总数为 A_{100}^{10}.

设事件 A_2 为"从 100 件产品中不放回地依次抽取 10 件产品,其中恰有 2 件次品",即"10 次抽取中有 8 次取得了正品,2 次取得了次品",而 8 次不放回取得的正品应有 A_{95}^8 种取法,2 次取得的次品有 A_5^2 种取法.又因为 2 次取到次品可以是 10 次抽取中的任意 2 次,所以有 C_{10}^2 种情况.因此,事件 A_2 包含的样本点总数为 $C_{10}^2 A_{95}^8 A_5^2$.

依古典概率的定义得

$$P(A_2) = \frac{C_{10}^2 A_{95}^8 A_5^2}{A_{100}^{10}} \approx 0.0702.$$

值得注意的是,从 100 件产品中一次取出 10 件,其中恰有 2 件次品的概率与 $P(A_2)$ 相等,即设 A_3 为"从 100 件产品中任取 10 件产品,其中恰有 2 件次品",由于 10 件产品是一次抽取的,所以可以不考虑抽取顺序.故

$$P(A_3) = \frac{C_{95}^8 C_5^2}{C_{100}^{10}} \approx 0.0702.$$

其实利用排列组合的性质,不难验证

$$P(A_2) = \frac{C_{10}^2 A_{95}^8 A_5^2}{A_{100}^{10}} = \frac{C_{10}^2 \times C_{95}^8 \times 8! \times C_5^2 \times 2!}{C_{100}^{10} \times 10!} = \frac{C_{95}^8 C_5^2}{C_{100}^{10}} = P(A_3).$$

例 5.3(盒子模型) 设有 n 个不同的球,每个球被等可能地放到 N 个不同的盒子中的任一个,假设每个盒子所能容纳的球无限.试求:

(1) 指定的 $n(n \leqslant N)$ 个盒子中各有一球的概率 p_1;

(2) 恰好有 $n(n \leqslant N)$ 个盒子中各有一球的概率 p_2.

解 因为每个球都可以相同的可能性放到 N 个盒子中的任一个,所以 n 个球放的方式共有 N^n 种.

(1) 因为放球的盒子已经被指定,所以只要考虑把 n 个球放到 n 个盒子中的放法,其可能种数为 $n!$,故所求概率为

$$p_1 = \frac{n!}{N^n}.$$

（2）该问题与问题（1）的差别是放有球的 n 个盒子要在 N 个盒子中任意选取，所以可以分为两步：第一步，首先在 N 个盒子中任取 n 个盒子，共有 C_N^n 种取法；第二步，把 n 个球放到 n 个已选中的盒子中，其可能种数为 $n!$．由乘法原则，共有 $C_N^n n!$ 种放法，因此所求概率为

$$p_2 = \frac{C_N^n n!}{N^n} = \frac{N!}{N^n(N-n)!}.$$

盒子模型是一类重要的概率模型，可以应用到许多实际问题．下面的生日问题就是著名的例子．

例 5.4（生日问题） 考虑由 n 个人组成的班集体，问至少有两人生日在同一天的概率是多少（一年以 365 天计）？

解 记事件 A 为"至少有两人生日在同一天"，首先考虑其对立事件 $\bar{A}$："n 个人生日全不在同一天"．把人看作"球"，一年的 365 天看作 365 个"盒子"，那么问题就归结为盒子模型，则 $P(\bar{A}) = \dfrac{C_N^n n!}{N^n}$．因此，由古典概率的性质可得

$$P(A) = 1 - \frac{C_N^n n!}{N^n}.$$

对于不同的 n，$P(A)$ 的计算结果如下（表 5.2）：

表 5.2 生日问题的部分计算结果

n	10	20	30	40	50	60
$P(A)$	0.116 0	0.405 8	0.696 3	0.882 0	0.965 1	0.992 2

由表 5.2 中结果可以看出，当一个集体的人数达到 60 人时，至少有两人生日在同一天的概率超过 99%，这个结果完全出乎人们的意料，因此在学术上被称为"生日悖论"．

定义 5.3（几何概率） 若以 A 记"在区域 Ω 中随机地取一点，而该点落在区域 D 中"这一事件，则其概率定义为

$$P(A) = \frac{S_A}{S_\Omega}. \tag{5.2}$$

其中 S_Ω 为样本空间 Ω 的几何度量，S_A 为事件 A 所表示的区域 D 的几何度量．称上述概率为几何概率．

19 世纪初，在著名数学家希尔伯特的倡议下，整个数学界的各个分支掀起公理化的潮流，概率论也不例外．他们主张把最基本的假设公理化，其

他的结论则由它们推出.1933 年,苏联数学家柯尔莫哥洛夫在综合前人成果的基础上,提出了概率的公理化定义.他的公理化体系既概括了几种概率定义的共同性质,又避免了各自的局限性,因此很快得到公认,概率论从此成为一个严密的数学分支.

定义 5.4(概率的公理化定义) 设随机试验 E 的样本空间为 Ω,对任意事件 A,规定一个实数 $P(A)$,若 $P(A)$ 满足下列三条公理,则称实数 $P(A)$ 为事件 A 的概率.

(1) 非负性:对任意事件 A,$0 \leqslant P(A) \leqslant 1$;

(2) 规范性:$P(\Omega)=1$;

(3) 可列可加性(完全可加性):对于两两互不相容的事件序列 A_1,A_2,…,有

$$P\left(\bigcup_{i=1}^{\infty} A_i\right) = \sum_{i=1}^{\infty} P(A_i).$$

三、概率的一般运算

1. 概率加法公式

对任意事件 A,B,两个事件和的概率

$$P(A \cup B) = P(A) + P(B) - P(AB). \tag{5.3}$$

(5.3)式称为概率加法公式.特别地,若 A 与 B 是互不相容的,则

$$P(A \cup B) = P(A) + P(B).$$

2. 条件概率

前面所讲的都是在一定试验基础条件下事件 A 发生的概率,但是我们有时需要研究在事件 B 已经发生的条件下,事件 A 发生的概率,即人为地增加了一些条件或已知信息(事件 B 发生).在已知事件 B 发生的条件下,事件 A 发生的概率称为事件 A 的条件概率,记为 $P(A|B)$.相对于条件概率,把没有附加其他条件的概率称为无条件概率.条件概率 $P(A|B)$ 与无条件概率 $P(A)$ 通常是不相等的.

例 5.5 考虑两个孩子的家庭,求在已知家中有一个男孩的情况下,另一个是女孩的概率.

解 已知两个孩子的家庭的样本空间为

$$\Omega = \{(男,女),(女,男),(男,男),(女,女)\}.$$

记事件 A 为"家中至少有一个女孩",事件 B 为"家中至少有一个男孩",则 $P(A) = P(B) = \dfrac{3}{4}$.现已知家中有一个男孩,相当于样本空间 Ω 中没有 $(女,女)$,在剩下的三种情况中,有一个女孩的概率是 $\dfrac{2}{3}$,即 $P(A|B) = \dfrac{2}{3}$.

$P(A|B)$ 显然不等于 $P(A)$.

设 A,B 是两个事件,且 $P(B)>0$.记

$$P(A|B)=\frac{P(AB)}{P(B)}, \tag{5.4}$$

称 $P(A|B)$ 为在事件 B 发生的条件下,事件 A 发生的条件概率.

从前面的例子可以看到,条件概率的计算其实有两种方法:其一是利用条件概率的定义,在原来的样本空间 Ω 中分别考虑无条件概率 $P(A)$ 和 $P(AB)$,然后代入公式(5.4)计算;其二是考虑由于事件 B 的发生而缩减的样本空间 Ω',在 Ω' 中直接计算事件 A 的概率.

3. 概率乘法公式

设 A,B 为两个事件,若 $P(A)>0$,$P(B)>0$,根据条件概率的计算公式,则有

$$P(AB)=P(A)P(B|A)=P(B)P(A|B). \tag{5.5}$$

(5.5)式称为概率乘法公式.

概率乘法公式表明,两个事件同时发生的概率等于其中一个事件发生的概率(概率必须不为零)乘在其发生的条件下另一个事件发生的条件概率.(5.5)式可以推广到三个事件:

$$P(ABC)=P(A)P(B|A)P(C|AB).$$

4. 独立事件

如果事件 A 的发生与否对事件 B 的概率没有影响,那么有 $P(B)=P(B|A)$,这时由乘法公式可以得到 $P(AB)=P(A)P(B|A)=P(A)P(B)$.此时,$A$,$B$ 两个事件满足

$$P(AB)=P(A)P(B), \tag{5.6}$$

称事件 A 与事件 B 相互独立,简称 A 与 B 独立.

5. 全概率公式

设事件 B_1,B_2,$\cdots$,B_n 为样本空间 Ω 的一个划分,即事件两两互不相容,$\bigcup_{i=1}^{n} B_i=\Omega$ 且 $P(B_i)>0$($i=1,2,\cdots,n$),那么对于样本空间 Ω 中的一个复杂事件 A,有

$$P(A)=\sum_{i=1}^{n}P(B_i)P(A|B_i). \tag{5.7}$$

(5.7)式称为全概率公式.

例 5.6 某电子设备厂所用的某种电子元件是由三家元件厂提供的,根据以往的记录,这三个厂家元件的次品率分别为 0.02,0.01,0.03,提供的元件占该电子设备厂所用元件的份额分别为 0.15,0.8,0.05.设这三个厂家的元件在仓库是均匀混合的,且无区别的标志.在仓库中随机地取一个元

件,求它是次品的概率.

解 设 A 表示"取到的元件是次品",B_i 表示"取到的元件是由第 i 个厂家生产的",$i=1,2,3$.根据题意有

$$P(B_1)=0.15, P(B_2)=0.8, P(B_3)=0.05,$$
$$P(A|B_1)=0.02, P(A|B_2)=0.01, P(A|B_3)=0.03.$$

由全概率公式得

$$P(A)=\sum_{i=1}^{3}P(B_i)P(A|B_i)=0.15\times0.02+0.8\times0.01+0.05\times0.03$$
$$=0.0125.$$

6. 贝叶斯公式

设事件 $B_1,B_2,\cdots,B_n$ 为样本空间 Ω 的一个划分,即事件两两互不相容,$\bigcup_{i=1}^{n}B_i=\Omega$ 且 $P(B_i)>0(i=1,2,\cdots,n)$.对于已经发生的复杂事件 A 来说,有

$$P(B_i|A)=\frac{P(B_iA)}{P(A)}=\frac{P(B_i)P(A|B_i)}{\sum_{i=1}^{n}P(B_i)P(A|B_i)} \quad (i=1,2,\cdots,n). \quad (5.8)$$

(5.8)式称为贝叶斯公式.

例 5.7 在例 5.6 中,假如已经知道取出的产品是次品,为分析此次品出自何厂,请分别求出此产品由三个厂家生产的概率.

解 设 B_i 表示"取到的元件是由第 i 个厂家生产的",$i=1,2,3$,A 表示"取到的元件是次品",在例 5.6 中,由全概率公式已经计算得到 $P(A)=0.0125$.再由贝叶斯公式得

$$P(B_1|A)=\frac{P(B_1A)}{P(A)}=\frac{P(B_1)P(A|B_1)}{P(A)}=\frac{0.15\times0.02}{0.0125}=0.24,$$

$$P(B_2|A)=\frac{P(B_2A)}{P(A)}=\frac{P(B_2)P(A|B_2)}{P(A)}=\frac{0.8\times0.01}{0.0125}=0.64,$$

$$P(B_3|A)=\frac{P(B_3A)}{P(A)}=\frac{P(B_3)P(A|B_3)}{P(A)}=\frac{0.05\times0.03}{0.0125}=0.12.$$

以上计算结果表明,次品来自第二个厂家的可能性最大.

§5.2 随机变量及其概率分布

为了对随机现象进行定量的数学处理,必须把随机现象的结果数量化,这就需要引入随机变量的概念.通过引入随机变量和分布函数,我们对随机现象统计规律的研究就由对事件及事件概率的研究扩展为对随机变

量及其取值规律的研究,进而转化为对函数的研究,进一步可以将微积分与代数知识应用于概率论与统计分析.随机变量及其分布在多个领域都有广泛应用,它们为我们提供了一种分析和处理不确定性问题的有效工具.在文学研究中,我们可以将文本中的某些元素(如词汇、句子长度等)视为随机变量,并计算其概率分布,这有助于我们理解这些元素在文本中的变化规律和影响因素.掌握了随机变量及其分布的理论与方法,我们可以更好地处理各种复杂问题,提高决策的科学性和准确性.

一、随机变量的定义

所谓随机变量就是在随机试验中被测定的量,其取值会随着试验结果的变化而变化.例如,一段时间内进入某超市的顾客人数记为 X,则 X 是一个随机变量,可以取值 $0,1,2,3,\cdots$.随机事件"此段时间内至少来了 10 个顾客"可表示为 $\{X>9\}$.又如,一台计算机的使用寿命记为 Y,则 Y 是一个随机变量,可以在 $[0,+\infty)$ 上取值.随机事件"此计算机可以使用 1 到 3 年"就可以表示为 $\{1\leqslant Y\leqslant 3\}$.根据变量的取值特点,随机变量可以分为离散型随机变量和连续型随机变量.离散型随机变量只能取有限个或可数个值,如抛掷一枚硬币的结果(正面向上、反面向上);而连续型随机变量的取值则是连续的,如人的身高、体重等.研究随机变量主要是研究它能取哪些值或取值落在哪个区间范围.为了掌握随机变量 X 的统计规律,我们不仅要了解 X 所有可能的取值,还要了解 X 取每个值的概率.随机变量的取值与取这些值的概率之间的对应关系称为随机变量的概率分布.

二、离散型随机变量的概率分布

要了解离散型随机变量 X 的统计规律,必须知道它的一切可能取值 x_i 及取每个可能值的概率 p_i.如果我们将离散型随机变量的一切可能取值及其对应的概率记作

$$P(X=x_i)=p_i, i=1,2,\cdots,n,\cdots,$$

即为离散型随机变量 X 的概率分布或分布列.离散型随机变量 X 的分布列也可用如下形式表示:

X	x_1	x_2	$\cdots$	x_n	$\cdots$
P	p_1	p_2	$\cdots$	p_n	$\cdots$

或

$$\begin{pmatrix} x_1 & x_2 & \cdots & x_n & \cdots \\ p_1 & p_2 & \cdots & p_n & \cdots \end{pmatrix}.$$

显然离散型随机变量的概率分布满足 $p_i \geqslant 0$ 和 $\sum_{i=1}^{n} p_i = 1$ 这两个基本性质.

例 5.8 一个袋中装有 5 个号码球,编号分别为 1,2,3,4,5.现从袋中一次取 3 个球,以 X 表示取出的 3 个球中的最大号码,求 X 的分布列.

解 易知 3 个球中的最大号码 X 的取值为 3,4,5.利用排列组合知识可知 X 取这些值的概率分别为

$$P(X=3) = \frac{1}{C_5^3} = 0.1, \quad P(X=4) = \frac{C_3^2}{C_5^3} = 0.3, \quad P(X=5) = \frac{C_4^2}{C_5^3} = 0.6,$$

所以 X 的分布列为

X	3	4	5
P	0.1	0.3	0.6

三、连续型随机变量的概率分布

所谓连续型随机变量是指随机变量 X 的可能取值充满某个区间且其分布函数是连续的.例如,我们的身高、体重或血压等连续型随机变量,它们的概率分布是不能用分布列来表示的,改用随机变量 X 在某个区间内取值的概率 $P(a < X \leqslant b)$ 来表示.下面通过频率分布密度曲线予以说明.

检测 100 袋某品牌盒装牛奶的质量(单位:g),得到如下数据:

```
246  251  259  254  246  253  237  252  250  251
249  244  249  244  243  246  256  247  252  252
250  247  255  249  247  252  252  242  245  240
260  263  254  240  255  250  256  246  249  253
246  255  244  245  257  252  250  249  255  248
258  242  252  259  249  244  251  250  241  253
250  265  247  249  253  247  248  251  251  249
246  250  252  256  245  254  258  248  255  251
249  252  254  246  250  251  247  253  252  255
254  247  252  257  258  247  252  264  248  244
```

因为 100 个样本观测值中的最小值是 237 g,最大值是 265 g,所以我们把数据的分布区间确定为 $(236.5, 266.5)$,并把这个区间等分为 10 个子区间:

$$(236.5, 239.5), (239.5, 242.5), \cdots, (263.5, 266.5).$$

统计数据落在每个区间段的频数,计算相应的频率,绘制直方图,如图 5.2 所示.

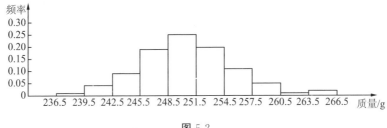

图 5.2

对图 5.2 所示的直方图进一步加密,如果样本取得越来越大($n \to +\infty$),组分得越来越细($\Delta x \to 0$),也就是说,直方图中的矩形宽度越来越窄,某一小范围内的频率将趋近于一个稳定值——概率,这时,频率分布直方图中各个矩形上端中点的连线——频率分布折线将逐渐趋向于一条光滑曲线.也就是当 $n \to +\infty$,$\Delta x \to 0$ 时,频率分布折线近似为一条稳定的函数曲线.对于样本取自连续型随机变量的情况,这条函数曲线将是光滑的,称它为概率分布密度曲线,相应的函数叫作概率密度函数,记为 $f(x)$,其图象如图 5.3 所示.

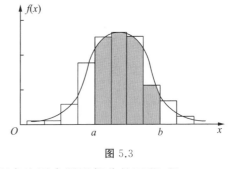

图 5.3

X 的取值落在区间 $(a,b]$ 上的概率为图中阴影部分的面积,即

$$P(a < X \leqslant b) = \int_a^b f(x) \mathrm{d}x. \qquad (5.9)$$

这表明连续型随机变量 X 在区间 $(a,b]$ 内取值的概率可以通过求其概率密度函数在 $(a,b]$ 上的积分得到,其几何意义就是概率密度函数 $f(x)$ 在区间 $(a,b]$ 上的曲线、直线 $x=a$,$x=b$ 及 x 轴所围区域的面积,如图 5.4 所示.

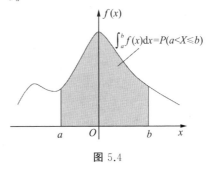

图 5.4

此外,连续型随机变量的概率分布还具有以下性质:

(1) 概率密度函数 $f(x)$ 总是大于或等于 0,即 $f(x) \geqslant 0$.

(2) 当随机变量 X 取某一特定值 c(c 为任意实数)时,其概率等于 0,即

$$P(X=c)=\int_c^c f(x)\mathrm{d}x=0.$$

（3）在一次试验中，随机变量 X 的取值必在 $(-\infty,+\infty)$ 范围内，所以有

$$P(-\infty<X<+\infty)=\int_{-\infty}^{+\infty}f(x)\mathrm{d}x=1.$$

四、几种常见的概率分布

在概率论和统计学中，有许多常见的随机变量的分布，如二项分布、泊松分布、指数分布和正态分布等．这些分布具有特定的数学形式和性质，被广泛应用于各个领域的数据分析和建模．

1. 超几何分布

超几何分布来自前面介绍过的产品抽样问题．设有 N 个产品，其中有 $M(M\leqslant N)$ 个不合格，若从中不放回地随机抽取 $n(n\leqslant N)$ 个，设其中不合格品的个数为 X，则有 $P(X=k)=\dfrac{C_M^k C_{N-M}^{n-k}}{C_N^n}, k=0,1,2,\cdots,\min\{n,M\}$．其中 n,M,N 均为正整数，$M\leqslant N, n\leqslant N$，则称 X 服从超几何分布，记为 $X\sim H(n,M,N)$．

由例 5.2 的讨论可知，在一堆产品中不放回地随机抽取，其中取出的不合格品的个数服从超几何分布．这类情况也可以推广到其他方面．例如，如果我们知道一个市场中消费者的总数为 N，其中喜欢某种产品的消费者数是 M，那么我们可以随机抽取 n 个消费者进行调查，并使用超几何分布来估计这 n 个消费者中喜欢该产品的消费者人数．

2. 二项分布

二项分布是一种应用很广泛的离散型随机变量的分布，它的研究对象是某个结局事件发生或不发生．譬如，保险公司做人寿或意外伤亡保险时需要计算各种伤亡、疾病及自然灾害等发生或不发生的概率，这样的结果只能是"非此即彼"两种情况，彼此构成对立事件．在大量的观察试验中，我们把这种"非此即彼"事件发生次数所构成的分布称为二项分布．

将某随机试验重复进行 n 次，若各次试验结果互不影响，且每次试验结果只有两种情况：事件 A 发生或不发生（$\bar{A}$），则称这 n 次试验是 n 重独立试验．记 X 为 n 重独立试验中事件 A 发生的次数，p 为每次试验 A 发生的概率，则 X 的分布列为

$$P(X=k)=C_n^k p^k(1-p)^{n-k}, k=0,1,2,\cdots,n.$$

记为 $P_n(k)$．

若把上式与二项展开式 $(q+p)^n = \sum_{k=0}^{n} C_n^k p^k q^{n-k}$ 相比较就可以发现，事件 A 发生 k 次的概率恰好等于 $(q+p)^n$ 展开式中的某一项，因此这种分布称为二项分布。随机变量 X 服从二项分布记为 $X \sim B(n,p)$.

当 $n=1$ 时，二项分布即为两点分布或 0-1 分布：

X	0	1
p	$1-p$	p

二项分布的形状是由 n 和 p 两个参数决定的，图 5.5、图 5.6 所示分别为 n 值不同和 p 值不同的二项分布。当 p 值较小且 n 值不大时，其概率函数图象是偏倚的。随着 n 值的增大，其分布逐渐趋于对称。

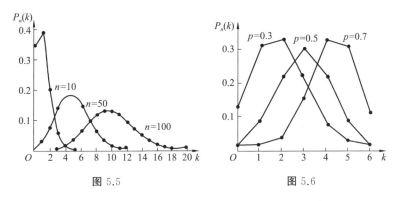

图 5.5　　　　　　图 5.6

例 5.9　设一名运动员在进行射击训练时每次射击的命中率为 0.2.

(1) 现进行 10 次射击，则至少有 9 次击中的概率是多少？

(2) 问最少进行多少次独立射击，才能保证至少击中一次的概率不小于 0.9？

解　设 X 为击中的次数。

(1) 由题意知 $X \sim B(10, 0.2)$，故所求概率为
$$P(X \geqslant 9) = P(X=9) + P(X=10) = C_{10}^9 \times (0.2)^9 \times (0.8) + C_{10}^{10} \times (0.2)^{10}$$
$$\approx 4.198 \times 10^{-6}.$$

(2) 设需要进行 n 次试验，则 $X \sim B(n, 0.2)$，故欲求 n，使得 $P(X \geqslant 1) \geqslant 0.9$，即 $P(X<1) \leqslant 0.1$. 而 $P(X<1) = P(X=0) = (0.8)^n$，故欲求 n 使 $(0.8)^n \leqslant 0.1$.

由于 $(0.8)^{11} \approx 0.0859$，$(0.8)^{10} \approx 0.1074$，所以最少进行 11 次射击，才能保证至少击中一次的概率不小于 0.9.

3. 泊松分布

在实际问题中，有许多事件出现的概率很小，而样本容量或试验次数却

很大，即有很小的 p 值和很大的 n 值，这时二项分布就变成另外一种特殊的分布——泊松分布。泊松分布在理论和实际应用中很重要，常应用于确定某个事件在一特定时间或空间间隔内发生的次数，如单位时间内某放射性物质放射出的粒子数，某交通枢纽在一高峰期的客流量和车流量，某段时间内到某车站候车的乘客数，一本书上的印刷错误数等，都能用泊松分布描述。

泊松分布也是一种离散型随机变量的分布，其分布列为

$$P(X=k)=\frac{\lambda^k}{k!}\mathrm{e}^{-\lambda}, k=0,1,2,\cdots,$$

记为 $P(k)$，其中 λ 为参数，e 为自然对数的底，其近似值为 2.718 28。随机变量 X 服从泊松分布记为 $X \sim P(\lambda)$。

泊松分布的形状由参数 λ 所确定。当 λ 较小时，泊松分布的概率函数图象是偏倚的，如图 5.7 所示。随着 λ 的增大，分布逐渐对称。

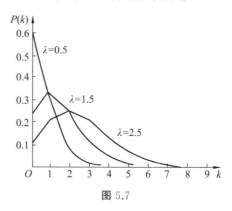

图 5.7

例 5.10 为了解饮用水的污染情况，现检测某社区每毫升饮用水中的细菌数，共测得 400 个数据，汇总记录如下（表 5.3）：

表 5.3 每毫升饮用水中细菌数统计

细菌数	0	1	2	3	合计
次数	243	120	31	6	400

按泊松分布计算每毫升饮用水中细菌数的概率及理论次数，并将次数分布与泊松分布作直观比较。

解 我们可以计算得每毫升饮用水中平均细菌数 $\bar{x}=0.5$，以 $\bar{x}$ 代替 λ，并代入泊松分布的概率公式 $P(X=k)=\dfrac{0.5^k}{k!}\mathrm{e}^{-0.5}$，计算得到的不同细菌数的概率及理论次数见表 5.4。

表 5.4 每毫升饮用水中细菌数的相关统计量

细菌数	0	1	2	3	合计
实际次数	243	120	31	6	400
频率	0.607 5	0.300 0	0.077 5	0.015 0	1
概率	0.606 5	0.303 3	0.075 8	0.014 4	1
理论次数	242.60	121.32	30.32	5.76	400

可见细菌数的频率分布与 $\lambda=0.5$ 的泊松分布是相当吻合的,进一步说明该问题用泊松分布描述单位容积中细菌数的分布是适宜的.

4. 正态分布

正态分布是大自然中最常见的分布之一,也是概率论与数理统计中最重要的分布类型.在实际问题中,很多随机变量的分布可以认为是正态分布,如人的身高、体重,试验中的测量误差,心理测试中的反应时间,智商的测定,各种测试的成绩等.在统计学中,许多统计分析方法都是以正态分布为基础的.正态分布无论在理论研究中,还是在实际应用中,均占有重要的地位.

正态分布也称为高斯分布,是一种连续型随机变量的概率分布,其概率密度函数为

$$f(x)=\frac{1}{\sigma\sqrt{2\pi}}\mathrm{e}^{\frac{(x-\mu)^2}{2\sigma^2}},-\infty<x<+\infty.$$

其中参数 $-\infty<\mu<+\infty,\sigma>0$,记作 $X\sim N(\mu,\sigma^2)$.服从正态分布的随机变量也称为正态随机变量,简称正态变量.

正态分布的概率密度函数 $f(x)$ 的图象如图 5.8 所示,它具有以下性质：

(1) 曲线关于 $x=\mu$ 对称;

(2) 曲线中间高,两边低,且在 $x=\mu$ 处,$f(x)$ 达到最大值 $\dfrac{1}{\sigma\sqrt{2\pi}}$;

(3) 当 $x\to\pm\infty$ 时,$f(x)\to 0$,这意味着 x 轴是函数的渐近线;

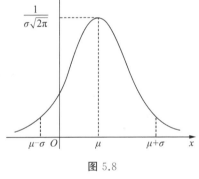

图 5.8

(4) 正态分布曲线在 $\mu\pm\sigma$ 处各有一个拐点,曲线通过拐点时改变弯曲方向.

正态分布 $N(\mu,\sigma^2)$ 的参数 μ 表示的是图形中心位置,因此是位置参数;参数 σ^2 反映了图形的陡峭程度,属于形状参数.所以对 $N(\mu,\sigma^2)$ 来说,其图象不是一条曲线,而是一个曲线系统.为便于一般化应用,需将正态分布标准化.我们称 $\mu=0,\sigma=1$ 的正态分布 $N(0,1)$ 为标准正态分布,其对应的概率密度函数及分布函数分别记为 $\varphi(x)$ 及 $\Phi(x)$:

$$\varphi(x)=\frac{1}{\sqrt{2\pi}}\mathrm{e}^{-\frac{x^2}{2}},$$

$$\Phi(x)=\frac{1}{\sqrt{2\pi}}\int_{-\infty}^{x}\mathrm{e}^{-\frac{t^2}{2}}\mathrm{d}t.$$

$\varphi(x)$ 为图 5.9 中标准正态分布的钟形曲线,$\Phi(a)$ 为落在某点 a 处左侧的概率,即曲线下方 a 左侧阴影部分的面积.显然有 $\Phi(0)=\dfrac{1}{2}$,$\Phi(-a)=1-\Phi(a)$.将服从标准正态分布的随机变量记为 U,则标准正态变量 U 落入区间 (a,b) 的概率显然有

$$P(a<U<b)=\Phi(b)-\Phi(a).$$

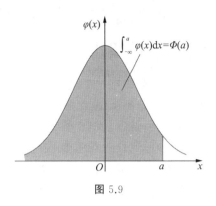

图 5.9

本书的附表 1 给出了 U 的数值.通过查表可以实现概率的计算问题.对于一般的正态分布随机变量 X,可以通过线性变换得到标准正态分布的随机变量 U,即设随机变量 $X\sim N(\mu,\sigma^2)$,则有 $U=\dfrac{X-\mu}{\sigma}\sim N(0,1)$,这个过程称为正态分布标准化.一般正态分布经过标准化,都变成了 $\mu=0$,$\sigma=1$ 的标准正态分布,无论原始数据有多大,度量单位是什么,标准化后都可以在同一水平同一度量单位上进行比较.

例如,甲、乙两人分别参加两种考试,甲的考试成绩为 550 分,乙的考试成绩为 30 分,如何比较谁的成绩更好? 显然,直接比较这两个分数是没有意义的.假定我们已知甲所参加的考试考生得分的平均数和标准差分别为 500 分和 100 分,乙所参加的考试考生得分的平均数和标准差分别为 18 分和 6 分,则可以求出甲和乙在各自考试内的 U 值.

$$\text{甲}:U=\dfrac{550-500}{100}=0.5;\text{乙}:U=\dfrac{30-18}{6}=2.$$

乙的成绩在所有考生的成绩中,相对平均数高了 2 个标准差,有 $P(U>2)=2.28\%$;而甲的成绩在所有考生的成绩中,相对平均数仅高了 0.5 个标准差,有 $P(U>0.5)=30.85\%$.因此可以说,在甲所参加的考试中,有 30.85% 的考生分数比甲高;而在乙所参加的考试中,只有 2.28% 的考生分数比乙高.所以乙的成绩更好.

对于一般正态随机变量 $X\sim N(\mu,\sigma^2)$,将其标准化有

$$P(a<X\leqslant b)=\Phi\left(\dfrac{b-\mu}{\sigma}\right)-\Phi\left(\dfrac{a-\mu}{\sigma}\right). \tag{5.10}$$

据此可得

$$P(|X-\mu|<\sigma)=2\Phi(1)-1\approx 0.682\,6,$$
$$P(|X-\mu|<2\sigma)=2\Phi(2)-1\approx 0.954\,5,$$

$$P(|X-\mu|<3\sigma)=2\Phi(3)-1\approx 0.997\,3.$$

这说明对于正态变量而言,取值落在对称轴左右两边的概率是有一定规律的:在$(\mu-\sigma,\mu+\sigma)$范围内的面积约占整个面积的68.26%;在$(\mu-2\sigma,\mu+2\sigma)$范围内的面积约占整个面积的$95.45\%$;在$(\mu-3\sigma,\mu+3\sigma)$范围内的面积约占整个面积的$99.73\%$.如图 5.10 所示.换句话说,$X$ 的所有取值落在区间$(\mu-3\sigma,\mu+3\sigma)$内的概率高于$99.7\%$,而取值落在该区间之外的概率不到$0.3\%$,这就是在生产实际或质量管理中经常用到的"$3\sigma$ 原则".

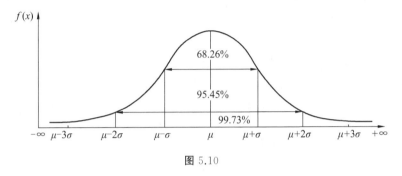

图 5.10

例 5.11 在某场大型招聘考试中,共有 10 000 人报考.假设考试成绩 $X\sim N(\mu,\sigma^2)$,已知 90 分以上的有 359 人,60 分以下的有 1 151 人.现按照考试成绩从高分至低分依次录用 2 500 人,请问被录用者中最低分是多少?

解 考试成绩 $X\sim N(\mu,\sigma^2)$,90 分以上的占 3.59%,60 分以下的占 11.51%,由频率估计概率有

$$0.035\,9=P(X>90)=1-P(X\leqslant 90)=1-\Phi\left(\frac{90-\mu}{\sigma}\right),$$

$$0.115\,1=P(X<60)=\Phi\left(\frac{60-\mu}{\sigma}\right),$$

即

$$\Phi\left(\frac{90-\mu}{\sigma}\right)=1-0.035\,9=0.964\,1,$$

$$\Phi\left(\frac{\mu-60}{\sigma}\right)=1-\Phi\left(\frac{60-\mu}{\sigma}\right)=1-0.115\,1=0.884\,9.$$

查标准正态分布表可得

$$\frac{90-\mu}{\sigma}=1.8,\frac{\mu-60}{\sigma}=1.2.$$

由此计算可得正态分布的参数为 $\mu=72,\sigma=10$.

设被录用者中最低分为 K,共录取 25%,即

$$0.25 = P(X \geqslant K) = 1 - \Phi\left(\frac{K-72}{10}\right), 得 \Phi\left(\frac{K-72}{10}\right) = 0.75.$$

查表得 $\frac{K-72}{10} \geqslant 0.675$，即 $K \geqslant 78.75$，可知被录用者中最低分为 78.75 分.

§5.3　随机变量的数字特征

在很多实际问题中，我们不但对随机变量的分布感兴趣，有时还想知道随机变量取值的平均值是多少，数据的波动情况如何，两个变量间的相关程度如何等.例如，在考察电子元件的质量时，我们关心的是电子元件的平均使用寿命和电子元件使用寿命的离散情况，平均使用寿命长并且离散程度小，电子元件的质量就好.在概率论中，把描述随机变量数量方面的特征的量称为数字特征，常用的数字特征有期望、方差、协方差和相关系数.在文科领域，期望可以用于预测某种现象的平均结果，而方差则可以帮助我们了解这种结果的离散程度.例如，在文学研究中，我们可以通过计算人们对于一部作品的平均评分和评分方差来评估该作品的受欢迎程度等.

一、期望和方差

期望，也叫均值，是刻画随机变量取值的"平均水平"或"中心趋势"的度量.简单地说，它告诉我们如果多次重复某个随机试验，我们预期会得到的平均结果.方差则是衡量随机变量取值离散程度的度量.方差越大，说明随机变量的取值越分散；方差越小，说明随机变量的取值越集中.期望和方差共同构成了随机变量的基本统计特征.

设 X 为离散型随机变量，其分布列为 $p_i = P(X = x_i), i = 1, 2, \cdots$，$X$ 的数学期望为

$$E(X) = \sum_{i=1}^{\infty} x_i p_i.$$

对于连续型随机变量 X，设其概率密度函数为 $f(x)$，X 的数学期望为

$$E(X) = \int_{-\infty}^{+\infty} x f(x) \mathrm{d}x.$$

显然，对于离散型随机变量，期望是各个可能取值和其概率的加权平均；而对于连续型随机变量，期望这个积分的含义就是取值和其概率密度函数乘积之和式的极限.二者本质上是一样的.

当今市场竞争激烈，各大商家为了在竞争中立于不败之地，推出了各种各样的营销策略和促销手段，其中"免费抽奖""有奖酬宾"对于消费者而言，颇具诱惑力.这究竟是商家的让利销售，还是"羊毛出在羊身上"呢？请

看下面某商场的具体操作程序.

把该商场所有商品的价格上涨 30%,即原来卖 100 元的商品,现在卖 130 元.凡在该商场买 100 元商品的顾客,可免费抽奖一次.抽奖方式:箱子中有 20 个球,其中 10 个白球和 10 个红球.从中摸出 10 个球,根据所摸出的球的颜色确定中奖的等级.中奖的等级、摸出球的颜色、奖品和金额如下(表 5.5):

表 5.5　中奖的等级、摸出球的颜色、奖品和金额

等级	摸出球的颜色	奖品	金额/元
一等奖	10 白或 10 红	电磁炉一台	1 000
二等奖	1 红 9 白或 1 白 9 红	不锈钢餐具一套	100
三等奖	2 红 8 白或 2 白 8 红	沐浴露一瓶	30
四等奖	3 红 7 白或 3 白 7 红	毛巾一条	10
五等奖	4 红 6 白或 4 白 6 红	香皂一块	5
六等奖	5 红 5 白	垃圾袋一卷	2

许多顾客看到后急切地想碰碰运气,结果如何呢?设 X 为消费者抽奖后可能中奖的金额,通过计算,我们知道各等级的中奖概率分别为

$$p_1 = P(X=1\,000) = \frac{2}{C_{20}^{10}} \approx 0.000\,010\,8,$$

$$p_2 = P(X=100) = \frac{2C_{10}^1 C_{10}^9}{C_{20}^{10}} \approx 0.001\,08,$$

$$p_3 = P(X=30) = \frac{2C_{10}^2 C_{10}^8}{C_{20}^{10}} \approx 0.021\,9, \quad p_4 = P(X=10) = \frac{2C_{10}^3 C_{10}^7}{C_{20}^{10}} \approx 0.156,$$

$$p_5 = P(X=5) = \frac{2C_{10}^4 C_{10}^6}{C_{20}^{10}} \approx 0.477, \quad p_6 = P(X=2) = \frac{2C_{10}^5 C_{10}^5}{C_{20}^{10}} \approx 0.687.$$

其分布列为

X	1 000	100	30	10	5	2
p_i	0.000 010 8	0.001 08	0.021 9	0.156	0.477	0.687

根据期望的定义计算得

$$E(X) = \sum_{i=1}^{6} x_i p_i = 1\,000 \times 0.000\,010\,8 + 100 \times 0.001\,08 + 30 \times$$

$$0.021\,9 + 10 \times 0.156 + 5 \times 0.477 + 2 \times 0.687 \approx 6.09.$$

也就是说,顾客购买 100 元商品,通过抽奖平均回馈金额约为 6 元.而

对于商场来说,提高商品价格后采取的抽奖活动其获利大于奖品支出.

对于随机变量 X,称 $E[X-E(X)]^2$ 为随机变量 X 的方差,记作 $D(X)$ 或 $\text{Var}(X)$,即

$$D(X)=E\{[X-E(X)]^2\}.$$

称 $\sqrt{D(X)}$ 为随机变量 X 的标准差或均方差,记作 $\sigma(X)$.

从上述定义知,随机变量 X 的方差表明了随机变量 X 的取值与其数学期望 $E(X)$ 的偏离程度.若 $D(X)$ 较小,则说明 X 的取值比较集中在 $E(X)$ 附近;若 $D(X)$ 较大,则说明 X 的取值相对 $E(X)$ 比较分散.但由于随机变量的标准差与随机变量的量纲一致,所以在实际应用中,人们经常使用随机变量的标准差刻画随机变量取值的分散程度.

根据期望和方差的计算公式可得常见分布的数字特征结论如下:

(1) 设随机变量 $X \sim B(n,p)$,则 $E(X)=p$,$D(X)=np$;

(2) 设随机变量 $X \sim P(\lambda)$,则 $E(X)=\lambda$,$D(X)=\lambda$;

(3) 设随机变量 $X \sim N(\mu,\sigma^2)$,则 $E(X)=\mu$,$D(X)=\sigma^2$.

二、大数定律与中心极限定理

大数定律和中心极限定理是概率论中的两个重要定理.它们揭示了随机现象背后的规律,让我们对世界的理解更加深入.在文科领域,这些定理同样具有应用价值.例如,在语言学研究中,我们可以通过大数定律来了解大量语言现象的平均特性;而中心极限定理则可以帮助我们理解在足够大的样本下,各种语言现象的分布将趋于正态分布.

大数定律是概率论中用来阐述大量随机现象平均结果稳定性的一系列定律的总称,最常用的是伯努利大数定律.早在 18 世纪,数学家伯努利就开始了他的研究之旅.他深入研究随机事件的分布规律,最终提出了大数定律.

设 M_n 是 n 次独立重复试验中事件 A 发生的次数,p 是事件 A 在一次试验中发生的概率,则对于任意正数 ε,恒有

$$\lim_{n \to \infty} P\left(\left|\frac{M_n}{n}-p\right|<\varepsilon\right)=1.$$

它告诉我们:当试验次数足够多时,某个随机事件的频率会趋近于一个稳定值,这个稳定值就是我们常说的概率.就像抛硬币,如果你抛的次数足够多,正面朝上的次数和抛的次数的比例会越来越接近 50%.这就是大数定律的神奇之处,它让看似随机的现象变得可预测.伯努利的这一发现,为我们理解随机性提供了重要的工具,也奠定了概率论与数理统计学的基础.

中心极限定理是概率论中讨论随机变量序列部分和的分布趋近于正态分布的一类定理.它指出,在大量随机变量近似服从正态分布的条件下,

这些随机变量的和或平均值也将趋近于正态分布.这一定理为数理统计学和误差分析提供了理论基础,被广泛应用于自然界与生产中的现象分析,尤其是那些受到许多相互独立的随机因素影响的现象.

设 X_i 服从 0-1 分布,$i=1,2,\cdots$.我们考虑当 $n\to\infty$ 时,$Y_n=\sum_{i=1}^{n}X_i$ 的极限分布是什么?以 $p=0.3$ 为例,观察 $n=2,4,8,16,32,64$ 时,$Y_n=\sum_{i=1}^{n}X_i$ 的概率分布的变化情况,如图 5.11 所示.

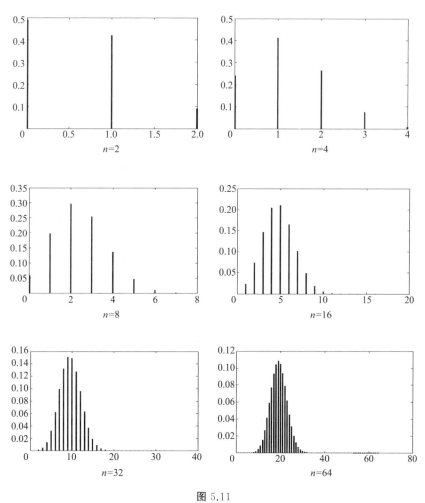

图 5.11

从图 5.11 中可以看出,n 越大,$Y_n=\sum_{i=1}^{n}X_i$ 的分布越近似于正态分布.这说明 0-1 分布的和(二项分布)的极限分布是正态分布.

中心极限定理的理论含义是:假定有一个总体数据,如果从该总体中多次抽样,那么理论上每次抽样所得到的统计量与总体参数应该差别不大,大致围绕在总体参数中心,并且呈正态分布.

习题 5

1. 一个工人生产了三件产品,以 $A_i(i=1,2,3)$ 表示第 i 件产品是正品,试用 A_i 表示下列事件:

(1) 没有一件产品是次品;

(2) 至少有一件产品是次品;

(3) 恰有一件产品是次品;

(4) 至少有两件产品不是次品.

2. 袋中有编号为 1 到 10 的 10 个球,今从袋中任取 3 个球,求:

(1) 3 个球的最小号码为 5 的概率;

(2) 3 个球的最大号码为 5 的概率.

3. 某气象站天气预报的准确率为 0.8,且各次预报之间相互独立.试求:

(1) 5 次预报全部准确的概率 p_1;

(2) 5 次预报中至少有 1 次准确的概率 p_2;

(3) 5 次预报中至少有 4 次准确的概率 p_3.

4. 某人购买某种彩票,已知中奖的概率为 0.001,现购买 2 000 张彩票,试求:

(1) 此人中奖的概率;

(2) 至少有 3 张彩票中奖的概率.

5. 设某城市在一周内发生交通事故的次数服从参数为 0.3 的泊松分布,试问:

(1) 在一周内恰好发生 2 次交通事故的概率是多少?

(2) 在一周内至少发生 1 次交通事故的概率是多少?

6. 设某批鸡蛋中每只鸡蛋的质量 X(单位:g)服从分布 $N(50,5^2)$.

(1) 从该批鸡蛋中任取一只,求其质量不足 45 g 的概率;

(2) 从该批鸡蛋中任取 5 只,求至少有 2 只鸡蛋其质量不足 45 g 的概率.

7. 某地区 18 岁青年的血压(收缩压,单位:mmHg)服从分布 $N(110,12^2)$,从该地区任选一名 18 岁青年,测量其血压 X.

(1) 求 $P(X<105)$;(2) 确定最小的 x,使 $P(X>x) \leqslant 0.05$.

8. 某射击队有甲、乙两个射手,他们的射击技术见下表,其中 X 表示甲射击的环数,Y 表示乙射击的环数,试讨论派遣哪个射手参赛比较合理.

X	8	9	10	Y	8	9	10
P	0.4	0.2	0.4	P	0.1	0.8	0.1

阅读材料

麻省彩票案例

21世纪初,麻省决心振兴该州的彩票业,于是他们设计了一款彩票.这款彩票不仅增加了很多小奖项,而且为了刺激销售,还规定一周之内如果没有人领走大奖,那么奖金会转到下一期.当大奖金额超过200万美元还没有开出时,奖金就会向下分配,增加容易赢取的奖项的金额.我们知道每种彩票都有购买价值和获奖价值,购买价值是购买一张彩票所用的金额,而获奖价值是引入概率论中期望的概念后彩票的真正价值.假定某彩票一共有1 000万种组合,其中只有一种组合会中奖,而有9 999 999种组合不会中奖.假设奖池累计资金为600万美元,那么1次中奖的价值就是600万美元.用X表示中奖情况,其分布列可以表示为

X	6 000 000	0
P	$\dfrac{1}{10\,000\,000}$	$\dfrac{9\,999\,999}{10\,000\,000}$

彩票的期望值为随机变量的取值与其对应概率的乘积之和,即

$$E(X)=6\,000\,000\times \dfrac{1}{10\,000\,000}=0.6.$$

这是彩票的期望值,也是它的获奖价值.就是说买彩票的人消费了1美元,收获价值0.6美元的商品,这当然是不明智的.对于价值投资者来说,这个投资不仅没有安全边际,还意味着绝对的亏损,因为价格远高于价值.对于彩票的发行方来说,却是稳赚不赔的,发行量越大,则赚得越多.

回到上面所述麻省发行的彩票,他们的刺激机制最终导致彩票的期望值极速增长,出现了获奖价值高于购买价值的情况.首先发现这个"空子"的是麻省理工学院的学生们,他们组团购买了1 000张彩票,获得了3倍的收益.接着一个退休的数学教师也成立了多达70人的亲友团,一次购买了6万张彩票,获得超过5万美元的收入.可见,彩票能否带来收益,除了小概率的运气之外,还要有概率理论的支持.后来,麻省彩票中心发现了这款彩票的问题,取消了这款彩票.

数学王子——高斯

高斯(Gauss,1777—1855),德国著名数学家,享有"数学王子"的美誉,他与牛顿、欧拉被称为世界最伟大的三大数学家.

高斯出生于一个普通家庭,他从小就展现出了对数学的浓厚兴趣和非凡才能,自学了许多数学知识,能够独立解决一些复杂的数学问题.

高斯在数学领域的成就令人瞩目,几乎对数学的所有领域都做出了重要贡献,是许多数学分支学科的开创者和奠基人.他创立了高斯分布、高斯定理等重要数学理论,这些理论对概率论和统计学等学科有着重要的应用价值.此外,高斯还发现了二项式定理,这一定理在代数学中有着广泛的应用.高斯不仅在理论研究上拥有很多成就,而且在数学方法上有着重要的贡献.例如,他创立了高斯消元法,这一方法在线性代数中有着重要的应用.在几何学方面,他用尺规作出正十七边形,解决了欧几里得以来未解决的数学难题.此外,他在数论、超几何级数、复变函数论、微分几何、天文学、大地测量学等许多领域都有卓越的贡献.

高斯的一生充满了传奇色彩,他的成就不仅体现在数学、物理学等科学领域,更体现在他对科学的执着追求和无私奉献的精神.他的这种精神将永远激励着后来的科学家们不断前行,为人类的进步和发展贡献自己的力量.

第 6 章

数理统计基础

数理统计是在概率理论的基础上,通过对随机现象本身进行资料的收集、整理和分析,为以后的决策和行动提供依据与建议的学科.其主要任务就是研究如何通过有限的观察资料,对所考虑的随机问题做出尽可能可靠的推断或预测.在自然科学领域,统计学可以帮助科学家分析试验数据,揭示自然现象的规律.在社会科学领域,统计学可以用于调查研究、民意测验等方面,揭示社会现象的本质和趋势.在工商业领域,统计学可以用于市场分析、质量控制、风险评估等方面,帮助企业做出科学决策.此外,统计学还与计算机科学、数学、经济学等多个学科有着紧密的联系.比如,数据挖掘、机器学习等现代技术都离不开统计学的支持,它能帮助我们从海量数据中提炼出规律,为决策提供科学依据.总之,数理统计在现实生活中的应用非常广泛,几乎涉及各个领域.通过对数据的收集、整理和统计分析,我们可以更好地理解现象背后的规律,为以后的决策和行动提供科学依据.

§6.1 数理统计基本概念

一、总体与样本

在统计问题中,把作为研究对象的全体称为总体.假设我们要研究全国大学生的平均月消费情况,这里的"全国大学生"就是总体,它包含了所有我们想要研究的对象.我们要考察的是全国大学生的月消费情况,用随机变量 X 表示.由于实际操作的限制,我们不可能对全国所有大学生进行调查,所以我们会从总体中抽取一部分大学生作为样本进行研究.从总体中随机抽取的 n 个个体分别记为 $X_1, X_2, \cdots, X_n$,称为总体的一个样本.例如,我们可能会随机选择 1 000 名大学生作为样本,收集他们的月消费数据,记录得到的 1 000 名大学生的月消费数据记为 $(x_1, x_2, \cdots, x_{1000})$,这是抽取到的样本的具体取值,称为样本的一次观测值.

从总体中按照抽样规则抽取样本的过程称为抽样.抽样方法有很多

种,最常用的是简单随机抽样,它具有如下两个性质:

(1) 代表性:总体中每个个体都有同等机会被抽入样本,这意味着样本中每个个体 $X_i(i=1,2,\cdots)$ 与所考察的总体 X 具有相同的分布;

(2) 独立性:样本中每个个体取什么值并不影响其他个体的取值,即样本 $X_1,X_2,\cdots,X_n$ 是相互独立的随机变量.

由简单随机抽样方法得到的样本就称为简单随机样本.以后如不特别说明,所抽取的样本均为简单随机样本.

统计学中的主要问题就是研究总体与从总体中所取样本的关系,这种关系可从两个方向来研究.如图 6.1,第一个方向是由总体到样本,即从一般到特殊,主要是要了解从总体中所抽取样本的变异特点,这就需要从总体中随机抽取部分样本,研究其概率分布及统计量;第二个方向是从样本到总体,也就是从特殊到一般,是要由一个样本或一系列样本的统计规律去推断总体,即统计推断问题.

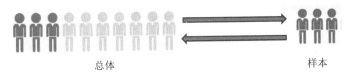

图 6.1

二、统计描述与统计量

统计学是与数据打交道的,可以说数据是统计学的核心,这里的数据是从观测或试验中得到的数值,或者其他形式的记录,用以描述或解释某个现象.想象一下,我们手里有一堆杂乱无章的数据,就像散落的拼图碎片,而统计就是那个能帮我们把这些碎片拼成一幅完整图画的魔法师.毫不夸张地说,我们几乎每天都会接触到各种不同的统计信息.比如,打开某个网页,可能就会看到诸如 2024 年上半年某市人均可支配收入为 42 870 元、某电视节目的平均收视率为 2.26% 等新闻,这些都在试图向我们反映一些信息,它们并没有把每个人的收入或每个人的观看情况告诉我们,但我们通过这些数字就会明白这些信息要表达什么.这就是统计所起的作用,只需要一个或几个简单的数字,就能让我们对总体概况有一个大致的了解.

统计数据一般有两种类型:定性数据和定量数据.定性数据也称为分类数据或属性数据,用于描述事物的属性或特征,如性别、血型等;定量数据也称为数值数据或度量数据,用于描述事物的数量或程度,如身高、体重等.由于我们从总体抽样得到的样本原始数据是杂乱无章的,所以需要经过整理和汇总,把一堆原始数据用统计指标或统计图表的形式概括出来,以便能够一眼看出这堆数据所反映的信息,这个过程就是统计描述.对样本数据进行信息提炼和加工就是构造样本的某个函数 $g(X_1, X_2, \cdots, X_n)$,我们把这种不含有任何未知参数的样本函数称为统计量.统计量是 n 维随机变量的函数,显然也是随机变量.实际中常用的统计量有:

1. 样本均值 $\overline{X}$

样本均值 $\overline{X} = \dfrac{1}{n}\sum\limits_{i=1}^{n} X_i$ 是样本所有取值的算术平均数,它能帮助我们了解数据的集中趋势.例如,我们常听到的"平均身高""平均成绩"等.但是样本均值有时候也会"说谎",因为它易受到数据极端取值的影响,可能会被拉高或拉低,如我们经常听到的"被平均".

2. 中位数 M_d

将所有观测值从小到大依次排列,位于中间的那个观测值称为中位数,记为 M_d.它代表样本数据的中心位置,其上下两侧各有 50% 的数据,因此也称 M_d 为 50% 分位数.与样本均值相比,中位数不受极端值的影响,表现更为稳定.

3. 众数 M_o

众数是出现次数最多的那个观测值或出现次数最多一组的组中值.比如,最受欢迎的演员、最流行的歌曲等,它告诉我们哪个值出现的次数最多.

4. 极差 R

极差 $R = x_{(n)} - x_{(1)}$ 是样本数据中的最大值和最小值之差,它是各观测值变异程度大小最简便的统计.但是因为它只利用了数据的最大值和最小值,并不能准确表达各观测值的变异程度,所以比较粗略.当观测值很多而又要迅速对观测值的变异程度做出判断时,可以利用极差这个统计量.

5. 样本方差 S^2

为了准确地表示样本的各个观测值的变异程度,我们首先会考虑每个取值 X_i 与均值 $\overline{X}$ 的偏差,即离均差 $X_i - \overline{X}$.但是离均差有正有负,且离均差之和为零,即 $\sum\limits_{i=1}^{n}(X_i - \overline{X}) = 0$.为了解决这个问题,先求各个离均差的平方和 $\sum\limits_{i=1}^{n}(X_i - \overline{X})^2$,再用平方和除以 $n-1$,即得

$$S^2 = \dfrac{1}{n-1}\sum_{i=1}^{n}(X_i - \overline{X})^2.$$

这里 $n-1$ 为自由度,样本方差又称为均方差,指平均在每个自由度上的平均偏差度量.

6. 样本标准差 S

方差是一个平方值,对于一个指标而言,其平方是没有意义的,如收入的平方是什么意思就很难解释,因此又引入标准差的概念.标准差就是对方差求平方根,即 $S=\sqrt{S^2}$,这样就消除了平方后概念和度量上的混淆.所以在统计描述中,用得更多的是标准差而不是方差.

7. 四分位数

将样本观测值从小到大排列为 $x_{(1)},x_{(2)},\cdots,x_{(n)}$,处于 25% 和 75% 位置的数值 Q_L 和 Q_U 分别称为下、上四分位数,并且称 $H=Q_U-Q_L$ 为四分位距.由于区间 (Q_U,Q_L) 包含样本 50% 的数据,所以 H 可以作为一个刻画数据分散程度的指标.若数据小于 $Q_L-1.5H$ 或者大于 $Q_U+1.5H$,则认为该数据是离群值(异常值).

8. 变异系数 CV

变异系数是衡量各观测值变异程度的另一个统计量.我们把标准差与平均数的比值称为变异系数,记为 CV,即 $CV=\dfrac{S}{\bar{x}}\times 100\%$.当进行两组或多组观测值变异程度的比较时,如果度量单位与平均数相同,可以直接利用标准差来比较;如果度量单位和(或)平均数不同,比较其变异程度就不能采用标准差,而需采用标准差与平均数的比值(相对值)来比较.变异系数可以消除度量单位和(或)平均数不同对两组或多组观测值变异程度比较的影响.

以上 8 个统计量中,均值、中位数和众数是刻画数据集中趋势的统计量,而方差、标准差、四分位数和变异系数是刻画数据离散程度的统计量,此外还有刻画两个变量 X 与 Y 线性相关关系的量.设样本对数据为 $(x_i,y_i)(i=1,2,\cdots,n)$,样本相关系数的定义为

$$r=\dfrac{\sum\limits_{i=1}^{n}(x_i-\bar{x})(y_i-\bar{y})}{\sqrt{\sum\limits_{i=1}^{n}(x_i-\bar{x})^2}\sqrt{\sum\limits_{i=1}^{n}(y_i-\bar{y})^2}}.$$

当 $r>0$ 时,表示 X 与 Y 正相关;当 $r<0$ 时,表示 X 与 Y 负相关;当 $r=0$ 时,表示 X 与 Y 不相关.

当样本容量 n 很大时,各统计量观测值的计算可以借助计算器或者统计软件完成.

例 6.1 表 6.1 为 2024 年 1 月某城市某空气质量监测点采集到的部分

检测指标观测值,请讨论以下问题:

(1) 对 $PM_{2.5}$ 的观测值进行基本统计分析,并判断是否存在离群值;

(2) 分别计算二氧化硫与 $PM_{2.5}$、一氧化碳与 $PM_{2.5}$、臭氧与 $PM_{2.5}$、可吸入颗粒物与 $PM_{2.5}$ 的样本相关系数,并绘制散点图.

表 6.1 某空气质量监测点的部分检测指标观测值

二氧化硫	一氧化碳	臭氧	可吸入颗粒物	$PM_{2.5}$
53	19	30	76	90
47	29	8	88	143
57	31	13	51	58
61	28	8	81	142
55	34	8	96	175
56	30	10	99	215
51	31	28	121	250
58	54	9	157	309
64	47	8	127	273
61	51	24	159	329
74	65	4	145	299
62	59	27	143	299
59	45	38	131	246
50	44	27	136	261
54	44	9	124	260
63	60	5	159	295
57	61	15	145	282
56	48	36	137	262
54	39	26	111	204
55	41	12	91	179
54	53	11	82	227
72	75	8	116	277
57	66	24	119	242
58	50	32	112	226

续表

二氧化硫	一氧化碳	臭氧	可吸入颗粒物	PM$_{2.5}$
53	32	43	106	173
85	52	19	156	266
72	73	18	236	426
63	57	30	149	307
47	40	62	120	230
44	40	23	96	201
12	54	4	80	186

解 （1）由表 6.1 中 PM$_{2.5}$ 的观测数据，经计算得到各基本统计量的计算结果如下：

表 6.2　PM$_{2.5}$ 的观测数据统计量的计算结果

变量	$\bar{x}$	s^2	s	min	Q_L	M_d	Q_U	max
PM$_{2.5}$	236.5	5 387.9	73.4	58	186	246	282	426

根据计算结果，样本均值 $\bar{x}=236.5$，样本标准差 $s=73.4$，中位数 $M_d=246$，中位数与样本均值相差不大。由表 6.2 中结果还可以计算四分位距：

$H=Q_U-Q_L=282-186=96$，且 $Q_L-1.5H=42$，$Q_U+1.5H=426$.

因为上述 PM$_{2.5}$ 的观测数据位于 $(42, 426]$ 内，所以该组数据不存在离群值。

（2）由相关系数的定义，分别计算各指标与 PM$_{2.5}$ 的样本相关系数，见表 6.3：

表 6.3　样本相关系数计算

类别	二氧化硫与 PM$_{2.5}$	一氧化碳与 PM$_{2.5}$	臭氧与 PM$_{2.5}$	可吸入颗粒物与 PM$_{2.5}$
相关系数	0.433 4	0.776 7	0.002 9	0.929 8

结果说明：二氧化硫与 PM$_{2.5}$ 的相关系数为 0.433 4，这两个观测指标相关程度比较低；一氧化碳与 PM$_{2.5}$ 的相关系数为 0.776 7，这两个观测指标具有中等相关程度；臭氧与 PM$_{2.5}$ 的相关系数为 0.002 9，这两个观测指标基本不相关；可吸入颗粒物与 PM$_{2.5}$ 的相关系数为 0.929 8，这两个观测指标的相关程度很高。

各检测指标与 PM$_{2.5}$ 的关系散点图如图 6.2 所示。

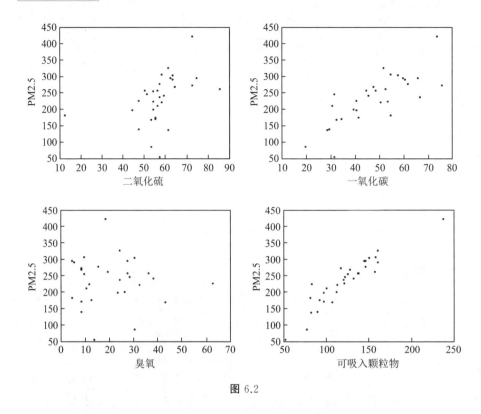

图 6.2

三、统计三大分布：χ^2 分布、t 分布、F 分布

抽样分布描述了从总体中随机抽取的样本统计量的概率分布.确定各种统计量的抽样分布是数理统计学的一个基本问题.由于很多统计推断都是基于正态分布的假设,所以以标准正态分布为基石而构造的三个著名抽样分布在统计中有着广泛的应用.

1. χ^2 分布

设 $X_1, X_2, \cdots, X_n$ 相互独立,且都服从标准正态分布 $N(0,1)$,则称随机变量

$$\chi^2 = X_1^2 + X_2^2 + \cdots + X_n^2$$

服从自由度为 n 的 χ^2 分布(卡方分布),记作 $\chi^2 \sim \chi^2(n)$.其中自由度 n 为相互独立的随机变量的个数.

χ^2 分布的概率密度函数图象是取值为非负的偏态分布曲线,图 6.3 绘出了自由度 $n=1, n=4$ 及 $n=6$ 的 χ^2 分布的概率密度函数图象.$\chi_\alpha^2(n)$ 是自由度为 n 的 χ^2 分布的 α 上侧分位数,如图 6.4 所示.

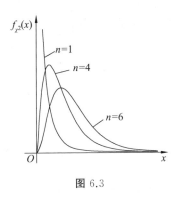

图 6.3

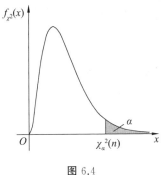

图 6.4

附表 3 为 χ^2 分布的 α 上侧分位数表.例如,取 $n=10, \alpha=0.05$,可以查表得 $\chi_{0.05}^2(10)=18.307$.

2. t 分布

设随机变量 X 与 Y 相互独立,且 $X \sim N(0,1), Y \sim \chi^2(n)$,则称随机变量

$$T = \frac{X}{\sqrt{Y/n}}$$

服从自由度为 n 的学生氏 t 分布,简称 t 分布,记作 $T \sim t(n)$.

t 分布是正态分布的一个变形,适用于小样本的情况.通过 t 分布,我们可以进行样本均值的置信区间估计和假设检验.图 6.5 给出了自由度 $n=2, n=6$ 及 $n=\infty$ 时的 t 分布的概率密度函数图象.t 分布的概率密度函数图象是关于纵轴对称的单峰曲线,与标准正态分布曲线相比,t 分布曲线顶部略低,两尾部稍高而平.当 $n \to \infty$ 时,t 分布与标准正态分布完全一致,即 t 分布的极限分布就是标准正态分布.

若随机变量 $T \sim t(n)$,对给定的正数 α,$0 < \alpha < 1$,$t_\alpha(n)$ 是 t 分布的 α 上侧分位数,如图 6.6 所示.

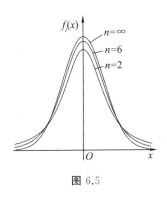

图 6.5

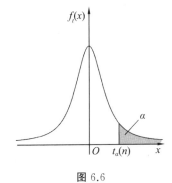

图 6.6

附表 4 为 t 分布的 α 上侧分位数表.设 $n=10, \alpha=0.05$,查表得 $t_{0.05}(10)=1.812$.

3. F 分布

若 $X\sim\chi^2(n_1), Y\sim\chi^2(n_2)$,且 X 与 Y 相互独立,则称随机变量

$$F = \frac{X/n_1}{Y/n_2}$$

服从自由度为 (n_1, n_2) 的 F 分布,记作 $F\sim F(n_1, n_2)$.其中 n_1 称为第一自由度,n_2 称为第二自由度.

F 分布通常用于检验两个或两个以上总体的方差是否相等,以及在回归分析中检验模型的显著性.在回归分析中,F 统计量用于检验模型中的自变量是否对因变量有显著影响.由于 F 分布具有两个参数,所以它的概率密度函数图象较为复杂.图 6.7 中给出的是自由度为 $(1,10), (5,10)$ 及 $(10,10)$ 的曲线.

当随机变量 $F\sim F(n_1, n_2)$ 时,对给定的正数 $\alpha, 0<\alpha<1, F_\alpha(n_1, n_2)$ 是 F 分布的 α 上侧分位数,如图 6.8 所示.

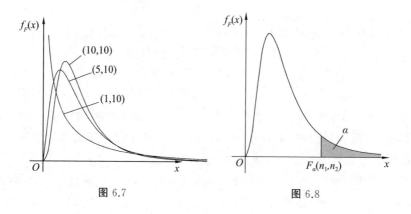

图 6.7 图 6.8

附表 5 为 F 分布的 α 上侧分位数表.例如,当 $n_1=5, n_2=10, \alpha=0.05$ 时,查表得 $F_{0.05}(5,10)=3.326$.

四、正态总体统计量的抽样分布

抽样分布理论是统计学中比较重要的理论基础,对于后面学习参数估计、假设检验等统计推断具有至关重要的作用.以正态分布为核心得到的精确抽样分布的结论较为经典和完备,但需要一定的统计基础和理论推导,为了了解方便,以下内容仅仅给出定理相关结论.

定理 6.1 设总体 X 服从正态分布 $N(\mu, \sigma^2)$,则样本均值 $\overline{X} =$

$\frac{1}{n}\sum_{i=1}^{n} X_i$ 的分布

$$\overline{X} \sim N\left(\mu, \frac{\sigma^2}{n}\right). \tag{6.1}$$

将上述正态变量标准化后得

$$U = \frac{\overline{X} - \mu}{\frac{\sigma}{\sqrt{n}}} \sim N(0,1). \tag{6.2}$$

定理 6.2 设总体 X 服从正态分布 $N(\mu, \sigma^2)$,则

(1) 样本均值 $\overline{X}$ 与样本方差 S^2 相互独立;

(2) 统计量 $\chi^2 = \frac{(n-1)S^2}{\sigma^2}$ 服从自由度为 $n-1$ 的 χ^2 分布,即

$$\chi^2 = \frac{(n-1)S^2}{\sigma^2} \sim \chi^2(n-1). \tag{6.3}$$

定理 6.3 设总体 X 服从正态分布 $N(\mu, \sigma^2)$,则统计量 $T = \frac{\overline{X} - \mu}{S/\sqrt{n}}$ 服从自由度为 $n-1$ 的 t 分布,即

$$T = \frac{\overline{X} - \mu}{S/\sqrt{n}} \sim t(n-1). \tag{6.4}$$

从总体 X 中抽取容量为 n_1 的样本 $X_1, X_2, \cdots, X_{n_1}$,从总体 Y 中抽取容量为 n_2 的样本 $Y_1, Y_2, \cdots, Y_{n_2}$,我们把取自两个总体的样本均值分别记作 $\overline{X}$ 和 $\overline{Y}$,样本方差分别记作 S_1^2 和 S_2^2,以下给出两个正态总体中常用的统计量的结论.公式较为复杂,主要应用在后面的统计推断中.

定理 6.4 设总体 X 服从正态分布 $N(\mu_1, \sigma_1^2)$,总体 Y 服从正态分布 $N(\mu_2, \sigma_2^2)$,则

$$U = \frac{(\overline{X} - \overline{Y}) - (\mu_1 - \mu_2)}{\sqrt{\frac{\sigma_1^2}{n_1} + \frac{\sigma_2^2}{n_2}}} \sim N(0,1). \tag{6.5}$$

定理 6.5 设总体 X 服从正态分布 $N(\mu_1, \sigma^2)$,总体 Y 服从正态分布 $N(\mu_2, \sigma^2)$,则

$$T = \frac{(\overline{X} - \overline{Y}) - (\mu_1 - \mu_2)}{S_w \sqrt{\frac{1}{n_1} + \frac{1}{n_2}}} \sim t(n_1 + n_2 - 2). \tag{6.6}$$

其中 $S_w = \sqrt{\frac{(n_1-1)S_1^2 + (n_2-1)S_2^2}{n_1 + n_2 - 2}}$ 为合并样本标准差.

§6.2 统计推断

前面讨论了从总体到样本方向的统计问题,即抽样分布问题.本节将讨论从样本到总体,即由一个样本或一系列样本所得的结果来推断总体的特征,这就是统计推断.所谓统计推断,是根据样本和假定模型对总体做出的以概率形式表述的推断,它主要包括假设检验和参数估计两部分内容.假设检验又叫显著性检验,是统计学中一个很重要的内容.显著性检验的方法很多,常用的有 χ^2 检验、t 检验和 F 检验等.尽管这些检验方法的用途及使用条件不同,但其检验的基本原理是相同的.

一、假设检验的原理与方法

某个风和日丽的午后,在英国剑桥大学,一群大学教员和他们的妻子正悠闲地享受下午茶时光.在他们准备冲泡奶茶的时候,有位女士突然说:"冲泡的方式对于奶茶的风味影响很大.把茶加进牛奶里与把牛奶加进茶里,这两种冲泡方式所泡出的奶茶口味不同.我可以轻松地辨别出来."其中有一位叫费歇尔的先生,他觉得这种说法很有意思,就说:"我们做试验来验证一下吧."

做这个试验很自然的想法就是:准备几杯奶茶,其中有几杯是先放奶后放茶,另外几杯是先放茶后放奶,然后让这位女士品尝,看她是否能够辨别出来.如果只给 1 杯奶茶让这位女士辨别,那么即使这位女士根本没有这种辨别能力,仅凭猜测,也有 50% 的概率猜对,显然 1 杯奶茶不足以说明问题.如果给 2 杯奶茶让这位女士辨别,那么只靠猜测辨别正确的概率就变成了 50%×50%=25%,这种情况猜对的概率仍然很高.因此,确定一个合理的奶茶杯数是很有必要的(这也是我们需要计算样本量的原因).那么到底需要多少杯奶茶才算恰到好处呢?我们来计算一下.

如图 6.9,不难看出,给 5 杯奶茶让这位女士辨别时,如果这位女士不具备辨别能力,那么她把这 5 杯奶茶都猜对的概率只有 3.125%;而如果给 8 杯奶茶让这位女士辨别,那么她都猜对的概率只有 0.39%,这是一个非常低的概率.

×1	0.5
×2	0.25
×3	0.125
×4	0.062 5
×5	0.031 25
×6	0.015 625
×7	0.007 813
×8	0.003 906

图 6.9

我们从逻辑上厘清一下思路:如果这位女士不具备辨别奶茶的能力,那么她能够猜对 1 杯的概率有 50%.在这种情况下,即使她辨别正确了,我们也不会相信她有这种能力,因为猜对的概率太高了,理论上一半人都可以做到.但是,如果给她 8 杯奶茶,她都辨别正确了,那么在这种情况下,我们就不得不重新考虑.因为如果她不具备这种能力,都猜对的概率实在太低了,只有 0.39%,以至于我们不得不怀疑一开始所做的假设(这位女士不具备这种能力)的正确性,这种思路其实就是假设检验的思想.顾名思义,假设检验就是"检验"我们所做的"假设"到底对不对.

在实际问题中,我们认为发生概率很小的事件在一次观测或试验中几乎是不会发生的,这一原理称为小概率事件实际不可能发生原理,简称小概率原理.假设检验推断的基本原理就是以小概率原理作为理论依据,根据样本的实际结果做出在一定概率意义上应该接受或拒绝假设的推断.

1. 假设检验的基本概念及方法步骤

下面通过一个例题说明假设检验的基本概念和方法步骤.

例 6.2 已知某制糖厂的袋装生产线包装白砂糖,每袋包装规格是 500 g,标准差为 3 g.现在对其产品进行抽查,从包装好的白砂糖中抽取 9 袋,测得质量(单位:g)分别为

$$499,501,494,495,508,497,496,502,490.$$

设袋装白砂糖的质量 X 服从正态分布 $N(\mu,\sigma^2)$,且已知总体标准差 $\sigma=3$ g.问这批白砂糖的平均质量是否符合规格要求?

根据所抽取的样本判断这批白砂糖的质量是否符合规格要求,即判断"袋装白砂糖的平均质量为 500 g"是否成立,也就是假设检验问题.由于抽样的随机性,我们抽样得到的样本数据往往存在着一定差异,这种差异可能是由随机误差造成的,也可能是样本实际均值的确与 500 g 的包装规格不同而引起的.这二者往往混淆在一起,从表面上是不容易分开的,所以必须通过概率的计算才能做出正确的推断.

针对上述问题,我们首先要对总体提出假设:

$$H_0:\mu=\mu_0=500.$$

我们把这样的假设称为原假设,也叫零假设或无效假设,用 H_0 表示.所谓"无效"意指处理效应与总体参数之间没有真实的差异,试验结果中的差异乃误差所致,即处理"无效".如果抽取的样本结果不能支持 H_0 成立,我们就要接受另外一个假设:

$$H_1:\mu\neq\mu_0=500.$$

这个假设称为备择假设,记为 H_1.备择假设是与原假设相反的一种假设,即认为试验结果中的差异是由于总体数不同所引起的,即处理"有效".假设检验的目的就是要在原假设 H_0 与备择假设 H_1 之间选择其中之一.若认为原假设 H_0 是正确的,则接受 H_0;若认为原假设 H_0 是不正确的,则拒绝 H_0 而接受备择假设 H_1.

在提出原假设和备择假设后,要确定一个否定 H_0 的概率大小标准,这个概率标准称为显著性水平,记作 α,即人为规定的一个小概率界限.若基于样本数据计算出的概率大于 α,则认为不是小概率事件,H_0 的假设可能是正确的,因此应该接受 H_0;反之,若所计算的概率等于或小于 α,则否定 H_0,小概率事件发生,说明基于原假设推断的 H_0 成立的可能性太小,因此拒绝 H_0 而接受 H_1.统计学中,α 常取 0.05 和 0.01 两个标准.

下面我们检验例 6.2 所提出的假设:
$$H_0:\mu=\mu_0=500; H_1:\mu\neq\mu_0.$$
因为 $X \sim N(\mu,3^2)$,在 H_0 成立的假设下,有统计量
$$U=\frac{\overline{X}-\mu}{\sigma/\sqrt{n}}=\frac{\overline{X}-\mu_0}{\sigma/\sqrt{n}}\sim N(0,1),$$
计算得 $\bar{x}=\frac{1}{9}\sum_{i=1}^{9}x_i=498$.根据样本的结果,$U$ 的观测值
$$u=\frac{\bar{x}-\mu_0}{\sigma/\sqrt{n}}=\frac{498-500}{3/\sqrt{9}}=-2.$$
查附表 2 知 $u_{0.025}=1.96$,显然 $|u|\geqslant u_{0.025}$.由于 $P\{|U|\geqslant u_{0.025}\}\leqslant \alpha=0.05$,即 $|u|\geqslant u_{0.025}$ 是一个小概率事件,所以我们要拒绝原假设 H_0,接受备择假设 H_1,即认为这批白砂糖的平均质量不符合规格要求.

在上述例子中,$|u|\geqslant u_{\alpha/2}$ 是拒绝 H_0 的范围,称为 u 检验的双侧拒绝域,见图 6.10 中阴影部分.如果 $|u|<u_{\alpha/2}$,说明小概率事件没有发生,我们不能拒绝原假设 H_0,这个区域称为接受域.

由上面的讨论,假设检验可以按下面的步骤进行:

(1) 提出统计假设,即原假设 H_0 和备择假设 H_1;

(2) 在 H_0 成立的条件下确定检验统计量及其概率分布;

(3) 根据给定的显著性水平 α 和检验统计量的分布确定 H_0 的拒绝域;

(4) 根据样本数据和拒绝域做出拒绝或接受 H_0 的判断.

2. 双尾检验与单尾检验

在例 6.2 的假设检验中,如果我们拒绝了原假设而接受了备择假设,此时备择假设 $H_1:\mu\neq\mu_0=500$ 包括了 $\mu>500$ 或 $\mu<500$ 两种可能,在 α 水平上的否定域为 $(-\infty,-u_{\alpha/2}]$ 和 $[u_{\alpha/2},+\infty)$,对称地分配在正态分布的分布曲线的两侧尾部,每侧的概率均为 $\dfrac{\alpha}{2}$,如图 6.10 所示.这种利用两尾概率进行的检验叫双侧检验,也叫双尾检验.但在有些情况

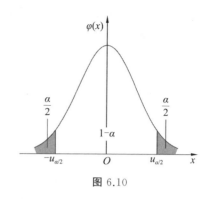

图 6.10

下,双侧检验不一定符合实际情况.例如,某企业想要采用一种新的技术以提高其电子产品的使用寿命,已知此种技术的实施不会降低电子产品的使用寿命,将此新技术与常规技术进行比较试验,原假设应为 $H_0:\mu=\mu_0$,即假设新技术与常规技术下电子产品的使用寿命是相同的;备择假设应为 $H_1:\mu>\mu_0$,即新技术的实施使电子产品的使用寿命有所提高.这时 H_0 的否定域在正态分布的分布曲线的右尾,即在 α 水平上否定域为 $[u_\alpha,+\infty)$,如图 6.11 所示.若原假设 $H_0:\mu=\mu_0$,而备择假设 $H_1:\mu<\mu_0$,此时 H_0 的否定域在曲线的左尾,在 α 水平上否定域为 $(-\infty,-u_\alpha]$,如图 6.12 所示.这种利用一尾的概率进行的检验叫单侧检验或单尾检验,此时 u_α 为单侧检验的临界值.

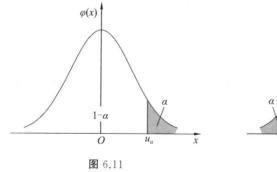

图 6.11

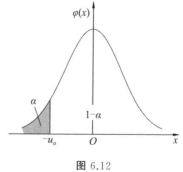

图 6.12

3. 假设检验中的两类错误

假设检验是根据一定概率显著性水平对总体特征进行的推断.在一定的显著性水平下,否定了 H_0 并不等于已证明 H_0 是错误的.同样,接受了 H_0 也不等于已证明 H_0 是正确的.当我们根据假设检验思想最终计算出结果并给出结论时,谁也不敢保证结论一定是正确的,任何结论都有错误

的可能.比如,给出嫌疑人有罪的结论,就存在冤枉好人的风险;给出嫌疑人无罪的结论,就存在纵容恶人的风险.这实际上就是假设检验中的两类错误,具体定义如下:

(1) 原假设 H_0 正确,而我们拒绝了它.我们称这种错误为第一类错误或"弃真"错误.由于仅当小概率事件 A 发生时才拒绝 H_0,所以犯第一类错误的概率不超过条件概率不超过 α.

(2) 原假设 H_0 不正确,而我们接受了它.我们称这种错误为第二类错误或"纳伪"错误.犯第二类错误的概率通常记为 β.

我们当然希望犯这两类错误的概率越小越好,但在样本容量 n 一定的情况下,α 与 β 中一个变小必然导致另一个变大.一般来说,我们都是取定显著性水平 α 进行检验,所以也称这样的检验为显著性检验.目前一般习惯上把 α 设为 0.05,把 β 设为 0.1 或 0.2,但这并不是固定的.如果发现犯第一类错误的后果特别严重,那么可以降低 α 标准,如取为 0.01.这些只能根据专业知识和研究目的来决定.

二、正态总体均值的假设检验

1. 单个正态总体均值的假设检验

在实际工作中,我们往往需要检验一个样本平均数与已知的总体平均数是否有显著差异,即检验该样本是否来自某一总体.已知的总体平均数一般为一些公认的理论数值、经验数值或期望数值.设总体 $X \sim N(\mu, \sigma^2)$,从中抽取容量为 n 的样本 $X_1, X_2, \cdots, X_n$,我们利用样本来检验关于未知参数 μ 的某些假设.关于单个正态总体均值的假设检验可分为三种情形:

情形 1　$H_0: \mu = \mu_0$;$H_1: \mu \neq \mu_0$;

情形 2　$H_0: \mu \geq \mu_0$;$H_1: \mu < \mu_0$;

情形 3　$H_0: \mu \leq \mu_0$;$H_1: \mu > \mu_0$.

其中情形 1 属于双侧检验,而情形 2 和 3 属于单侧检验.下面以情形 1 为例说明检验的基本步骤.

(1) 提出无效假设与备择假设.
$$H_0: \mu = \mu_0; H_1: \mu \neq \mu_0.$$
其中 μ 为样本所在总体的平均数,μ_0 为已知总体的平均数.

(2) 计算统计量 T 的值 t.

在 H_0 成立的条件下有 $T = \dfrac{\overline{X} - \mu}{S/\sqrt{n}} \sim t(n-1)$,由样本值计算出统计量 T 的值 t.

(3) 查 t 分布得临界值 $t_{\alpha/2}(n-1)$,做出统计推断.

由附表 4 得 t 分布的临界值 $t_{\alpha/2}(n-1)$,将计算所得 t 值与其进行比较:

当 $\alpha=0.05$ 时,若 $|t|<t_{0.025}(n-1)$,则不能拒绝 $H_0:\mu=\mu_0$,表明样本均值 $\bar{x}$ 与总体均值 μ_0 差异不显著,可以认为样本是取自该总体;若 $|t|\geqslant t_{0.025}(n-1)$,则否定 $H_0:\mu=\mu_0$,接受 $H_1:\mu\neq\mu_0$,表明样本均值 $\bar{x}$ 与总体均值 μ_0 差异显著,即有 95% 的把握认为样本不是取自该总体.

当 $\alpha=0.01$ 时,若 $|t|\geqslant t_{0.005}(n-1)$,表明样本均值 $\bar{x}$ 与总体均值 μ_0 差异极显著,有 99% 的把握认为样本不是取自该总体.

例 6.3 设某次考试的考生成绩服从正态分布,从中随机抽取 36 名考生的成绩,算得平均成绩为 66.5 分,标准差为 15 分,问在显著性水平 $\alpha=0.05$ 的条件下,是否可以认为这次考试考生的平均成绩为 70 分.

解 记考生成绩 $X\sim N(\mu,\sigma^2)$,根据题意知 $\bar{x}=66.5$,$s=15$.现检验这次考试考生的平均成绩是否为 70 分,因此建立假设
$$H_0:\mu=70; H_1:\mu\neq 70.$$
因为 σ 未知,所以选用 t 检验,在原假设成立的条件下有
$$T=\frac{\bar{X}-\mu}{S/\sqrt{n}}\sim t(n-1).$$
将相关数据代入计算得 $t=\dfrac{\bar{x}-\mu}{s/\sqrt{n}}=\dfrac{66.5-70}{15/\sqrt{36}}=-1.4.$

又 $\alpha=0.05$,$n=36$,查附表 4 得 $t_{0.025}(35)=2.03$.因为 $|t|<t_{0.025}(35)$,所以接受 H_0,不否认这次考生的平均成绩为 70 分.

2. 两个正态总体参数的假设检验

在实际生产中,有时需要了解两个正态总体的平均数差异大小或两个正态总体在同一指标上的稳定性.例如,一定范围内男生与女生的某一指标的差异大小,两个工厂所生产的统一规格灯泡的使用寿命的稳定性等.

设样本 $X_1,X_2,\cdots,X_{n_1}$ 来自总体 $X\sim N(\mu_1,\sigma_1^2)$,样本 $Y_1,Y_2,\cdots,Y_{n_2}$ 来自总体 $Y\sim N(\mu_2,\sigma_2^2)$,并且两样本 $X_1,X_2,\cdots,X_{n_1},Y_1,Y_2,\cdots,Y_{n_2}$ 相互独立.记这两个样本的样本均值与样本方差分别为 $\bar{X},S_1^2$ 和 $\bar{Y},S_2^2$.我们来检验关于参数 μ_1,μ_2 的某些假设.同样地,关于两个正态总体均值差异的假设检验也分为三种情形.

情形 1 $H_0:\mu_1=\mu_2; H_1:\mu_1\neq\mu_2;$

情形 2 $H_0:\mu_1\geqslant\mu_2; H_1:\mu_1<\mu_2;$

情形 3 $H_0:\mu_1\leqslant\mu_2; H_1:\mu_1>\mu_2.$

这里以情形 1 为例举例说明.

例 6.4 文学家马克·吐温的 8 篇小品文以及斯诺特格拉斯的 10 篇小品文中由 3 个字母组成的词的比例如下:

马克·吐温:0.225,0.262,0.217,0.240,0.230,0.229,0.235,0.217;

斯诺特格拉斯:0.209,0.205,0.196,0.210,0.202,0.207,0.224,0.223,0.220,0.201.

设两组数据来自两个正态总体,且两总体方差相等,两样本相互独立,问两个作家所写的小品文中由 3 个字母组成的词的比例是否有显著的差异?($\alpha=0.05$)

解 设两位作家的小品文中由 3 个字母组成的词的比例分别服从正态分布 $X\sim N(\mu_1,\sigma_1^2)$ 和 $Y\sim N(\mu_2,\sigma_2^2)$,根据题意 $\sigma_1^2=\sigma_2^2$.由样本数据计算可得

$$\bar{x}\approx 0.2319, s_1\approx 0.0146; \bar{y}=0.2097, s_2\approx 0.0097.$$

这里我们要检验的是二者用词比例的均值是否相同,即建立假设:

$$H_0:\mu_1=\mu_2; H_1:\mu_1\neq\mu_2.$$

选取统计量 $T=\dfrac{\bar{X}-\bar{Y}}{S_w\sqrt{\dfrac{1}{n_1}+\dfrac{1}{n_2}}}$,当 H_0 成立时,有 $T\sim t(n_1+n_2-2)$,代入相关数据计算可得统计量 T 的观察值 $t=\dfrac{0.2319-0.2097}{0.012\times\sqrt{\dfrac{1}{8}+\dfrac{1}{10}}}\approx 3.8781$.

已知 $\alpha=0.05, n_1+n_2-2=16$,查附表 4 得自由度为 16 的 t 分布的临界值 $t_{0.025}(16)=2.120$.由于 $|t|=3.8781>t_{0.025}(16)=2.120$,故拒绝 H_0,说明两个作家所写小品文中由 3 个字母组成的词的比例有显著的差异.

三、参数估计

参数估计是统计推断的另一个方面,它是指由样本结果对总体参数在一定概率水平下所做出的估计.参数估计包括点估计和区间估计.想象一下,我们正在为即将到来的周日计划一场户外游玩,查看天气预报,发现周日的天气预测是"多云转晴,最高气温 22 ℃".因为周日真实气温并不知道,这里 22 ℃ 就是当天气温的点估计,而如果给出周日的气温是 20~25 ℃,这里 20~25 ℃ 就是当天气温的区间估计.我们都知道天气预报并不总是百分百准确的,该如何根据这个估计来做出决策呢?点估计给出了气温的大致参考,而区间估计提供了温度的一个可能的范围,进一步还可以根据预报的可靠性做出决策.

参数的点估计和区间估计是建立在一定理论分布基础上的估计方法.

由大数定律和中心极限定理可知,只要抽样为大样本,不论其总体是否为正态分布,其样本均值 $\bar{X}$ 都近似服从正态分布 $N\left(\mu, \dfrac{\sigma_0^2}{n}\right)$.假设 σ_0 是已知的,其标准化后的统计量是 $U = \dfrac{\bar{X} - \mu}{\sigma_0/\sqrt{n}} \sim N(0,1)$.根据标准正态分布,我们建立如下概率不等式:

$$P\left(\dfrac{|\bar{X} - \mu|}{\sigma_0/\sqrt{n}} \leqslant u_{\alpha/2}\right) = 1 - \alpha.$$

从中可以解得

$$P\left(\bar{X} - u_{\alpha/2}\dfrac{\sigma_0}{\sqrt{n}} \leqslant \mu \leqslant \bar{X} + u_{\alpha/2}\dfrac{\sigma_0}{\sqrt{n}}\right) = 1 - \alpha.$$

这个式子表明,尽管我们不知道 μ,但可以得到包含 μ 的概率为 $1-\alpha$ 区间,这里区间 $\left[\bar{x} - u_{\alpha/2}\dfrac{\sigma_0}{\sqrt{n}}, \bar{x} + u_{\alpha/2}\dfrac{\sigma_0}{\sqrt{n}}\right]$ 称为置信区间,$1-\alpha$ 称为置信度或置信水平.也就是说,总体均值 μ 的置信度为 $1-\alpha$ 的置信区间是 $\left[\bar{x} - u_{\alpha/2}\dfrac{\sigma_0}{\sqrt{n}}, \bar{x} + u_{\alpha/2}\dfrac{\sigma_0}{\sqrt{n}}\right]$.实际中可以根据不同的已知条件选择相应的统计量,然后利用统计量的分布建立概率不等式,从中可以解得各参数的置信区间.结果汇总如下(表 6.4),实际应用中直接代入计算即可.

表 6.4 正态总体参数置信区间表

总体	待估参数	条件	待估参数的置信区间
单个正态总体	μ	σ^2 已知	$\left[\bar{x} - u_{\alpha/2}\dfrac{\sigma}{\sqrt{n}}, \bar{x} + u_{\alpha/2}\dfrac{\sigma}{\sqrt{n}}\right]$
	μ	σ^2 未知	$\left[\bar{x} - t_{\alpha/2}(n-1)\dfrac{s}{\sqrt{n}}, \bar{x} + t_{\alpha/2}(n-1)\dfrac{s}{\sqrt{n}}\right]$
	σ^2	μ 未知	$\left[\dfrac{(n-1)s^2}{\chi_{\alpha/2}^2(n-1)}, \dfrac{(n-1)s^2}{\chi_{1-\alpha/2}^2(n-1)}\right]$
两个正态总体	$\mu_1 - \mu_2$	σ_1^2, σ_2^2 已知	$\bar{x} - \bar{y} \pm u_{\alpha/2}\sqrt{\dfrac{\sigma_1^2}{n_1} + \dfrac{\sigma_2^2}{n_2}}$
	$\mu_1 - \mu_2$	$\sigma_1^2 = \sigma_2^2 = \sigma^2$ 未知	$\bar{x} - \bar{y} \pm t_{\alpha/2}(n_1 + n_2 - 2)s_w\sqrt{\dfrac{1}{n_1} + \dfrac{1}{n_2}}$
	σ_1^2/σ_2^2	μ_1, μ_2 未知	$\left[\dfrac{s_1^2/s_2^2}{F_{\alpha/2}(n_1-1, n_2-1)}, \dfrac{s_1^2/s_2^2}{F_{1-\alpha/2}(n_1-1, n_2-1)}\right]$

例 6.5 某工厂为了解所生产轴承的质量状况,现抽取容量为 10 的样本,测量轴承的长度,样本数据如下(单位:mm):

501.2,498.9,499.2,500.7,499.5,501.3,498.4,501.1,501.8,501.4.

假设轴承长度 X 服从正态分布 $N(\mu,\sigma^2)$,求轴承的长度均值 μ 的 95% 的置信区间.

解 因为 σ^2 未知,此时均值 μ 的 95% 的置信区间为

$$\left[\bar{x}-t_{0.025}(n-1)\frac{s}{\sqrt{n}},\bar{x}+t_{0.025}(n-1)\frac{s}{\sqrt{n}}\right],$$

其中 $\bar{x}=500.35$,$s=1.22$,查表得 $t_{0.025}(9)=2.262$,代入相关数据得置信区间为 $[499.475,501.225]$.

现设轴承长度 X 服从 $N(\mu,1.2^2)$,即 $\sigma_0^2=1.2^2$,此时均值 μ 的 95% 的置信区间为 $\left[\bar{x}-u_{\alpha/2}\frac{\sigma_0}{\sqrt{n}},\bar{x}+u_{\alpha/2}\frac{\sigma_0}{\sqrt{n}}\right]$. 当参数 $\mu=500$ 时,可以通过计算机模拟重复抽样 100 次,每次抽取 10 个轴承.

利用 R 语言进行模拟,抽样步骤如下:

(1) 产生 10 个服从分布 $N(500,1.2^2)$ 的随机数 $x_1,x_2,\cdots,x_{10}$;

(2) 计算均值 μ 的 95% 的置信区间 $[\hat{\mu}_1,\hat{\mu}_2]$;

(3) 重复上述过程 100 次;

(4) 绘出 100 个置信区间图示.

编写 R 语言程序并运行,可以得出 100 个参数 μ 的置信区间的图示(图 6.13).

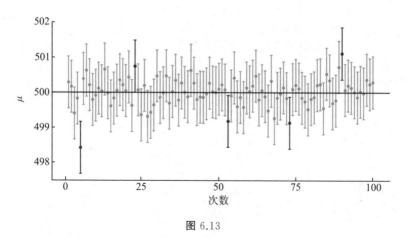

图 6.13

从图 6.13 可以看出,在所得的 100 次模拟参数 μ 的置信区间中,包含 $\mu=500$ 的区间刚好有 95 个(灰色线段),占比为 95%.

区间估计的意义在于:若反复抽样多次,每个样本确定一个区间$[\hat{\theta}_1,\hat{\theta}_2]$,有时它包含$\theta$的真值,有时不包含$\theta$的真值.按大数定律,在这么多的区间中,包含$\theta$真值的可能性为$1-\alpha$.所以$1-\alpha$越大,即区间$[\hat{\theta}_1,\hat{\theta}_2]$包含$\theta$的概率越大,区间$[\hat{\theta}_1,\hat{\theta}_2]$的长度就会越大.如果区间长度过大,那么区间估计就没有多大的意义了.区间$[\hat{\theta}_1,\hat{\theta}_2]$的取法不是唯一的,在给定置信度$1-\alpha$下,我们一般选择长度最小的区间.

§6.3 相关分析与回归分析

相关分析与回归分析是现代统计学中非常重要的内容.相关分析是处理变量数据之间相关关系的一种统计方法,通过相关分析,可以判断两个或两个以上的变量之间是否存在相关关系,以及相关关系的方向、形态、密切程度;回归分析是对具有相关关系的现象间数量变化的规律性进行测定,确立一个回归方程,即经验公式,并对所建立的回归方程式的有效性进行分析、判断,以便进一步进行估计和预测.现在,相关分析与回归分析已经被广泛应用到企业管理、商业决策、金融分析以及自然科学和社会科学等许多研究领域.

一、相关分析简介

现实世界中的各种现象之间是相互联系、相互制约和相互依存的.变量间的相互关系,常见的有因果关系和平行关系.因果关系是指一个变量的变化受另一个变量或几个变量的制约.例如,子女的身高受父母身高的影响,植物的生长速度受温度、湿度、光照等因素的影响.平行关系是指两个以上变量之间相互的影响,即一个变量发生变化时,另一个变量也随之发生变化.例如,人的身高与体重之间的关系,兄弟俩的身高之间的关系等.如果两个变量间的关系属于平行关系,一般用相关分析来进行研究.对两个变量间的直线关系进行相关分析称为直线相关分析或简单相关分析;对多个变量进行相关分析时,研究一个变量与多个变量间的线性相关称为复相关分析;在其余变量保持不变的情况下,研究两个变量间的线性相关称为偏相关分析.

如果通过多次试验或调查获得两个变量的n对观测值,可表示为$(x_1,y_1),(x_2,y_2),\cdots,(x_n,y_n)$.为了直观地看出$X$和$Y$的变化关系,可将每对观测值在平面直角坐标系中表示成一个点,所有的数据点形成散点图.

图 6.14 是三种不同相关关系的散点图.

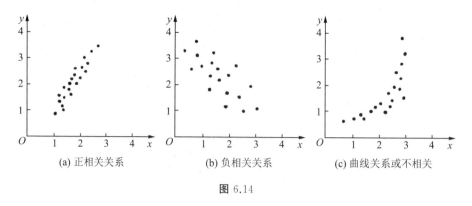

(a) 正相关关系　　(b) 负相关关系　　(c) 曲线关系或不相关

图 6.14

实际中要判别现象之间有无相关关系,有两种方法:一是定性分析,二是定量分析.定性分析是依据研究者的专业理论知识和实践经验,对客观现象之间是否存在相关关系,以及有何种相关关系做出判断,并在此基础上编制相关表和绘制散点图,以便直观地判断现象之间相关的方向、形态及大致的密切程度.定量分析通过计算相关系数表示两个变量之间相关的程度,根据样本数据$(x_i, y_i), i=1,2,\cdots,n$ 计算的样本相关系数公式为

$$r = \frac{\sum_{i=1}^{n}(x_i-\bar{x})(y_i-\bar{y})}{\sqrt{\sum_{i=1}^{n}(x_i-\bar{x})^2 \sum_{i=1}^{n}(y_i-\bar{y})^2}}.$$

它是反映两个变量之间线性关系密切程度的统计指标.相关系数 r 的值介于 -1 与 1 之间,当 $0<|r|<1$ 时,表示两变量存在一定程度的线性相关,且 $|r|$ 越接近 1,两变量间线性关系越密切;当 $|r|=1$ 时,表示两变量为完全线性相关,即为线性函数关系;$|r|$ 越接近于 0,表示两变量的线性关系越弱,当 $r=0$ 时,表示两变量间无线性相关关系.

例 6.6　某财务软件公司在全国有许多代理商,为研究某款财务软件的年广告费用投入与销售额的关系,统计人员随机选择了 10 家代理商进行观察,得到该款软件的年广告费用投入与月平均销售额的数据,并编制成相关表如下(表 6-5):

表 6.5　某款软件的年广告费用投入与月平均销售额

年广告费用投入/万元	12.5	15.3	23.2	26.4	33.5	34.4	39.4	45.2	55.4	60.9
月平均销售额/万元	21.2	23.9	32.9	34.1	42.5	43.2	49.0	52.8	59.4	63.5

从上表中可以直观地看出,随着年广告费用投入的增加,月平均销售

额也在增加,两者之间存在一定的正相关关系.根据上表可以绘制散点图,如图 6.15 所示.

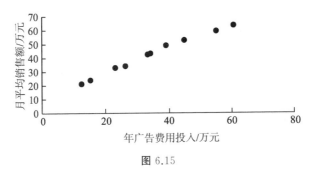

图 6.15

从图 6.15 中可以直观地看出,年广告费用投入与月平均销售额之间存在正相关关系,进一步计算相关系数得 $r=0.9942$,说明广告费用投入与月平均销售额之间相关程度很高.

二、回归分析简介

"回归"一词是由英国生物学家高尔顿在 19 世纪末期研究孩子及他们的父母的身高时提出来的.高尔顿发现比较高的父母,他们的孩子也高,但这些孩子的平均身高并不像他们的父母那样高.对于比较矮的父母,情形也类似,他们的孩子比较矮,但这些孩子的平均身高要比他们父母的平均身高高.高尔顿把这种孩子的身高向中间值靠近的趋势称为一种回归效应,"回归"一词即源于此.现代回归分析虽然沿用了"回归"一词,但研究内容已有很大变化.回归分析是一种在许多领域都有广泛应用的分析研究方法.

在回归分析中,表示原因的变量称为自变量,用 X 表示.自变量一般是固定的(试验时预先确定的),没有随机误差.表示结果的变量称为因变量或依变量,常用 Y 表示.Y 是随 X 的变化而变化的,具有随机误差.研究一个自变量与一个因变量的回归分析称为一元回归分析;研究多个自变量与一个因变量的回归分析称为多元回归分析.回归分析的目的是揭示呈因果关系的变量之间的联系形式,建立回归方程,利用建立的回归方程由自变量来预测和控制因变量.

1. 一元线性回归模型

对于具有线性相关关系的两个变量,描述因变量(或称响应变量)Y 如何依赖于自变量(或称解释变量)X 和误差项的方程称为回归模型.一元线性回归模型可以表示为

$$Y = \beta_0 + \beta_1 X + \varepsilon. \tag{6.7}$$

其中 β_0, β_1 称为模型的参数,误差项 ε 是一个随机变量,并假定 $E(\varepsilon)=0$, $D(\varepsilon)=\sigma^2$,它反映了除 X 和 Y 之间的线性关系之外的随机因素对 Y 的影响,即不能由 X 和 Y 之间的线性关系所解释的变异性.

为了对模型进行分析,假设对 X 和 Y 进行 n 次观测,得到一组观测值 $(x_i, y_i), i=1,2,\cdots,n, x_i$ 和 y_i 有如下关系:

$$y_i = \beta_0 + \beta_1 x + \varepsilon_i. \tag{6.8}$$

其中各 ε_i 相互独立且 $\varepsilon_i \sim N(0, \sigma^2), i=1,2,\cdots,n$. 式(6.8)就是一元线性回归的数学模型.

回归分析的主要任务就是通过 n 组样本观测值 $(x_i, y_i), i=1,2,\cdots,n$,对 β_0, β_1 进行估计.一般用 $\hat{\beta}_0, \hat{\beta}_1$ 分别表示 β_0, β_1 的估计值,我们称

$$\hat{y} = \hat{\beta}_0 + \hat{\beta}_1 x \tag{6.9}$$

为 Y 关于 X 的经验回归方程,$\hat{y}$ 称为回归值或估计值,$\hat{\beta}_0$ 为经验回归直线在纵轴上的截距,$\hat{\beta}_1$ 为经验回归直线的斜率,它表示自变量 x 每变动一个单位时,回归值 $\hat{y}$ 的平均变化大小.

回归分析的基本问题是通过样本观测值 $(x_i, y_i), i=1,2,\cdots,n$ 解决以下几个方面的问题:

(1) 未知参数 β_0, β_1 及 σ^2 的估计;

(2) 回归方程的显著性检验,即检验 X 和 Y 之间是否有显著的线性关系;

(3) 利用回归方程进行预测和控制.

2. 未知参数的估计

为了由样本数据得到回归参数 β_0 和 β_1 的理想估计值 $\hat{\beta}_0, \hat{\beta}_1$,一个自然而又直观的想法就是希望对一切的 x_i,实际观测值 y_i 与估计值 $\hat{y}_i = \hat{\beta}_0 + \hat{\beta}_1 x_i$ 的偏离达到最小,如图 6.16 所示.

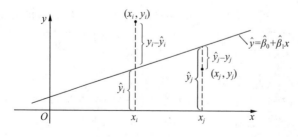

图 6.16

定义离差平方和为

$$Q(\beta_0,\beta_1)=\sum_{i=1}^n(y_i-\beta_0-\beta_1 x_i)^2. \tag{6.10}$$

所谓最小二乘法,就是寻找参数 β_0,β_1 的估计值 $\hat{\beta}_0,\hat{\beta}_1$,使式(6.10)定义的离差平方和达到最小,即寻找 $\hat{\beta}_0,\hat{\beta}_1$,满足

$$Q(\hat{\beta}_0,\hat{\beta}_1)=\min_{\beta_0,\beta_1}\sum_{i=1}^n(y_i-\beta_0-\beta_1 x_i)^2. \tag{6.11}$$

依照式(6.11)求出的 $\hat{\beta}_0,\hat{\beta}_1$ 就称为回归参数 β_0,β_1 的最小二乘估计. 称 $\hat{y}_i=\hat{\beta}_0+\hat{\beta}_1 x_i$ 为 $y_i(i=1,2,\cdots,n)$ 的回归拟合值,简称回归值或拟合值,称 $e_i=y_i-\hat{y}_i$ 为 $y_i(i=1,2,\cdots,n)$ 的残差.

从式(6.11)中求出 $\hat{\beta}_0,\hat{\beta}_1$ 是一个极值问题.根据微积分中求极值的原理求得 $\hat{\beta}_0,\hat{\beta}_1$ 的最小二乘估计为

$$\begin{cases}\hat{\beta}_0=\bar{y}-\hat{\beta}_1\bar{x},\\ \hat{\beta}_1=\dfrac{\sum\limits_{i=1}^n(x_i-\bar{x})(y_i-\bar{y})}{\sum\limits_{i=1}^n(x_i-\bar{x})^2}.\end{cases} \tag{6.12}$$

引进记号:$l_{xx}=\sum\limits_{i=1}^n(x_i-\bar{x})^2$,$l_{xy}=\sum\limits_{i=1}^n(x_i-\bar{x})(y_i-\bar{y})$,$l_{yy}=\sum\limits_{i=1}^n(y_i-\bar{y})^2$.式(6.12)又可简写为

$$\begin{cases}\hat{\beta}_1=\dfrac{l_{xy}}{l_{xx}},\\ \hat{\beta}_0=\bar{y}-\hat{\beta}_1\bar{x}.\end{cases} \tag{6.13}$$

例 6.7 皮尔逊测量了 9 对父子的身高,所得数据见下表(1 英寸=2.54 厘米):

表 6.6　9 对父子的身高数据

父亲身高 x/英寸	60	62	64	66	67	68	70	82	74
儿子身高 y/英寸	62.6	65.2	66	66.9	67.1	67.4	68.2	70.1	70

根据父子的身高数据,求经验回归方程.

解 为了了解父子身高相关关系的表达式,在坐标平面内画出散点图,如图 6.17 所示.从散点图的分布可以看出,这些点大致散布在某条直线

的周围,可以推断变量之间存在线性相关关系.

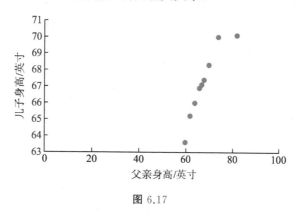

图 6.17

将样本观测值代入相关公式,计算得
$$\bar{x}\approx 68.11, \bar{y}\approx 67.06, l_{xx}\approx 356.89, l_{xy}\approx 113.84, l_{yy}\approx 43.802.$$
故有 $\hat{\beta}_1=\dfrac{l_{xy}}{l_{xx}}=\dfrac{113.84}{356.89}\approx 0.319, \hat{\beta}_0=\bar{y}-\hat{\beta}_1\bar{x}\approx 45.33$,所求的经验回归方程为
$$\hat{y}=\hat{\beta}_0+\hat{\beta}_1 x=45.33+0.319x.$$

3. 回归方程的显著性检验

对于给定的一组观测值 $(x_i,y_i)(i=1,2,\cdots,n)$,在利用最小二乘法得到经验回归方程之后,还要讨论下列问题:经验回归方程 $\hat{y}=\hat{\beta}_0+\hat{\beta}_1 x$ 的效果是否好? 是否很好地揭示了变量 x 和 y 之间的相关关系.因此,在将所建立的经验回归方程应用于实际问题之前,必须通过回归方程的显著性的统计检验,即检验变量 y 与 x 之间是否真正存在线性相关关系.这样问题就转变为在显著性水平 α 下,检验假设
$$H_0:\beta_1=0; H_1:\beta_1\neq 0.$$
如果拒绝 H_0,那么认为回归方程通过了显著性检验.检验方法有很多,下面介绍常用的三种检验方法.

(1) F 检验法.

假设对于给定的一组观测值 $(x_i,y_i)(i=1,2,\cdots,n)$,建立线性回归方程 $\hat{y}=\hat{\beta}_0+\hat{\beta}_1 x$.我们从数据出发研究各 y_i 不同的原因,记 $\hat{y}_i=\hat{\beta}_0+\hat{\beta}_1 x_i$ 为点 x_i 处的回归值,$y_i-\hat{y}_i$ 为残差.

引起数据 $y_i(i=1,2,\cdots,n)$ 的变异 $y_i-\bar{y}$ 由两部分构成:$y_i-\hat{y}_i$ 和 $\hat{y}_i-\bar{y}$,如图 6.18 所示.

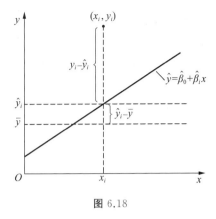

图 6.18

总变异用总偏差平方和 SS_T 表示,记为

$$SS_T = \sum_{i=1}^{n}(y_i - \bar{y}_i)^2 = l_{yy}.$$

对 SS_T 进行分解处理,有

$$SS_T = \sum_{i=1}^{n}(y_i - \bar{y})^2 = \sum_{i=1}^{n}(y_i - \hat{y}_i)^2 + \sum_{i=1}^{n}(\hat{y}_i - \bar{y})^2.$$

其中 $\sum_{i=1}^{n}(y_i - \hat{y}_i)^2 \triangleq SS_e$ 为残差平方和,$\sum_{i=1}^{n}(\hat{y}_i - \bar{y})^2 \triangleq SS_R$ 为回归平方和,即

$$SS_T = SS_e + SS_R. \tag{6.14}$$

上式说明因变量 y 的总变异由两种原因引起:一种是由自变量 x 的变化引起的,体现在回归平方和上;另一种是由不可控制的或未加控制的随机因素引起的,体现在残差平方和上.从直观上来看,如果所建立的经验回归方程很好地表达了因变量 y 依自变量 x 的变化而变化,那么回归平方和应该在总平方和中占绝对优势,说明在变量 x 与 y 之间的相关关系中,变量 x 对 y 的线性影响起主导作用.换句话说,变量 x 与 y 之间的线性相关关系是显著的.

记

$$MS_R = \frac{SS_R}{1} = SS_R, \quad MS_e = \frac{SS_e}{n-2}.$$

其中 MS_R 为一元线性回归的回归均方和,MS_e 为误差均方和.检验假设

$$H_0: \beta_1 = 0; \quad H_1: \beta_1 \neq 0.$$

在原假设成立的情况下构造检验统计量有

$$F = \frac{SS_R}{\dfrac{SS_e}{n-2}} = \frac{MS_R}{MS_e} \sim F(1, n-2). \tag{6.15}$$

实际中如果计算出的 F 值满足 $F \geqslant F_a(1, n-2)$，那么拒绝 H_0，说明变量 x 与 y 之间的线性回归关系是显著的；反之，如果计算出的 F 值满足 $F < F_a(1, n-2)$，那么接受 H_0，说明变量 x 与 y 之间不具备显著的线性相关关系. 通常把计算和检验的结果用表 6.7 表示.

表 6.7 F 检验法的方差分析表

变异源	平方和	自由度	均方和	F 比值	显著性
回归	SS_R	1	$MS_R = SS_R$	$F = MS_R / MS_e$	P 值
残差	SS_e	$n-2$	$MS_e = SS_e / (n-2)$		
总计	SS_T	$n-1$			

(2) t 检验法.

对 $H_0: \beta_1 = 0$ 的检验也可以采用 t 检验法. 在 H_0 为真时，采用统计量

$$T = \frac{\hat{\beta}_1}{\hat{\sigma}/\sqrt{l_{xx}}} \sim t(n-2) \tag{6.16}$$

进行检验，其中 $\hat{\sigma} = \sqrt{\dfrac{SS_e}{n-2}}$.

对于具体的样本资料，计算出 T 的确切数值 t，由给定的显著性水平 α，当 $|t| \geqslant t_{\frac{\alpha}{2}}(n-2)$ 时，拒绝 H_0，即回归系数是显著的；否则，接受 H_0，说明回归系数是不显著的. 由于从统计理论上有 $T^2 \sim F(1, n-2)$，所以本质上 t 检验法和 F 检验法是等价的.

例 6.8 检验本章例 6.7 所建立的回归方程的显著性 ($\alpha = 0.01$).

解 (1) 首先利用 F 检验法. 检验 $H_0: \beta_1 = 0; H_1: \beta_1 \neq 0$.

由例 6.7 知 $l_{xx} \approx 356.89, l_{xy} \approx 113.84, l_{yy} \approx 43.802$，则

$$SS_T = \sum_{i=1}^{n} (y_i - \bar{y}_i)^2 = l_{yy} \approx 43.802,$$

$$SS_R = \frac{l_{xy}^2}{l_{xx}} = \frac{113.84^2}{356.89} \approx 36.312,$$

$$SS_e = SS_T - SS_R = 43.802 - 36.312 = 7.49.$$

所以

$$F = \frac{SS_R}{\dfrac{SS_e}{n-2}} = \frac{36.312}{7.49/7} \approx 33.936.$$

查附表 5 有 $F_{0.01}(1,7) = 12.246$. 因为 $F = 33.936 > F_{0.01}(1,7)$，故认为例 6.7 建立的线性回归方程极显著.

4. 预测和控制

如果随机变量 y 与变量 x 之间的线性相关关系显著，那么可以进行估

计和预测,这是两个不同的问题.

(1) 当 $x=x_0$ 时,$E(y_0)$ 的区间估计.

由于 $y\sim N(\beta_0+\beta_1 x,\sigma^2)$,所以 $E(y)=\beta_0+\beta_1 x$.因此,对于 $x=x_0$,均值为 $E(y_0)=\beta_0+\beta_1 x_0$,$E(y_0)$ 的置信度为 $1-\alpha$ 的置信区间是

$$[\hat{y}_0-\delta_0,\hat{y}_0+\delta_0], \qquad (6.17)$$

其中 $\delta_0=t_{\alpha/2}(n-2)\hat{\sigma}\sqrt{\dfrac{1}{n}+\dfrac{(x_0-\bar{x})^2}{l_{xx}}}$.

(2) y_0 的预测区间.

由于 $y_0=E(y_0)+\varepsilon_0,\varepsilon_0\sim N(0,\sigma^2)$,所以 y_0 的最可能取值为 $\hat{y}_0=\hat{E}(y_0)$.于是,我们可以使用以 $\hat{y}_0$ 为中心的一个区间 $[\hat{y}_0-\delta,\hat{y}_0+\delta]$ 作为 y_0 的取值范围,称之为预测区间.y_0 的置信度为 $1-\alpha$ 的预测区间是

$$[\hat{y}_0-\delta,\hat{y}_0+\delta], \qquad (6.18)$$

其中 $\delta=t_{\alpha/2}(n-2)\hat{\sigma}\sqrt{1+\dfrac{1}{n}+\dfrac{(x_0-\bar{x})^2}{l_{xx}}}$.

由预测区间的半径可以看出,x_0 距离 $\bar{x}$ 越远,预测精度就越差.当 $x_0\notin[\min\{x_i\},\max\{x_i\}]$ 时,也称为外推,需要特别小心.另外,$x_1,x_2,\cdots,x_n$ 较为集中时,也会导致预测精度的降低.在收集数据时,应尽量使 $x_1,x_2,\cdots,x_n$ 分散,这样可以提高预测精度.最后,增加样本容量 n 可以提高预测精度.

图 6.19 给出不同 x 值处 y 的预测区间示意图,可以看出,预测区间在 $x=\bar{x}$ 处最短,越远离 $\bar{x}$,预测区间越长,呈现喇叭状.

需要注意的是,预测只能对 x 的观测数据范围内的 x_0 进行预测,对于超出观测数据范围的 x_0 进行预测常常是没有意义的.

(3) 控制区间.

控制是预测的反问题,是指利用所建立的经验回归方程,通过限制自变量 x 的取值,对因变量 y 进行控制,即对于给定的区间 $[y_1,y_2]$ 和置信度 $1-\alpha$,确定自变量 x 的取值范围 $[x_1,x_2]$,使得

$$P(y_1\leqslant y\leqslant y_2)=1-\alpha. \qquad (6.19)$$

其中 y_1,y_2 和自变量 x 的关系满足方程

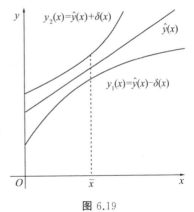

图 6.19

$$\begin{cases} y_1 = \hat{\beta}_0 + \hat{\beta}_1 x - t_{\alpha/2}(n-2)\hat{\sigma}\sqrt{1 + \dfrac{1}{n} + \dfrac{(x-\bar{x})^2}{l_{xx}}}, \\ y_2 = \hat{\beta}_0 + \hat{\beta}_1 x + t_{\alpha/2}(n-2)\hat{\sigma}\sqrt{1 + \dfrac{1}{n} + \dfrac{(x-\bar{x})^2}{l_{xx}}}. \end{cases} \quad (6.20)$$

从上述方程组(6.20)中解出 x_1, x_2 并不是一件容易的事情,下面给出当 n 比较大时,y_1 和 y_2 的近似计算.

$$\begin{cases} y_1 = \hat{\beta}_0 + \hat{\beta}_1 x - u_{\alpha/2}\hat{\sigma}, \\ y_2 = \hat{\beta}_0 + \hat{\beta}_1 x + u_{\alpha/2}\hat{\sigma}. \end{cases} \quad (6.21)$$

从方程组(6.21)中分别解出 x_1 及 x_2,当 $\hat{\beta}_1 > 0$ 时,控制区间为 (x_1, x_2),如图 6.20 所示,其中 $d = u_{\alpha/2}\hat{\sigma}$;当 $\hat{\beta}_1 < 0$ 时,控制区间为 $[x_2, x_1]$. 显然,要实现控制,必须使区间 $[y_1, y_2]$ 的长度 $y_2 - y_1$ 大于 $2u_{\alpha/2}\hat{\sigma}$.

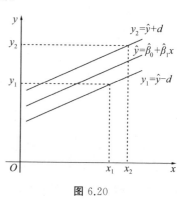

图 6.20

5. 线性回归的基本假定

一元线性回归模型的基本假定包括以下几点:

(1) 线性关系假设:自变量 x 与因变量 y 在总体上具有线性关系,即 y 是 x 的线性函数;

(2) 独立性假设:某一个 x 值对应的 y 值与另一个 x 值对应的 y 值之间没有关系,同时 x 产生的误差之间也要相互独立;

(3) 正态性假设:回归分析中的随机误差项 ε_i 服从正态分布,即
$$\varepsilon_i \sim N(0, \sigma^2), i = 1, 2, \cdots, n.$$

这些假设是进行一元线性回归分析的基础,如果这些假设不成立,那么回归分析的结果可能会产生误导.换句话说,如果试验资料不满足这些假定,就不能进行线性回归分析.但有些资料经适当处理后可满足这些假设,可处理后再进行线性回归分析.

 **习题 6**

1. 为了解某学校新毕业大学生的工资情况,随机抽取 30 人,月工资(单位:元)如下:

3 560	3 340	3 600	4 410	3 590	3 410	4 610	3 570	3 710	4 550
5 490	4 690	4 380	3 680	5 470	4 530	5 560	5 250	4 560	4 350
4 560	3 510	5 550	6 460	4 550	5 570	4 980	3 610	4 510	6 440

求月工资的均值、中位数、方差和标准差.

2. 某园艺研究所调查了 3 个品种草莓的维生素 C 含量(单位:mg/100 g),测定结果如下:

品种 1:117,99,107,112,113,106,108,102,120,88;

品种 2:81,77,79,76,85,87,74,69,72,80;

品种 3:80,82,78,84,89,73,86,88,75,79.

试从样本均值、标准差和变异系数几个指标评估不同品种的维生素 C 含量的区别,并给出分析结论.

3. 假设袋装食盐的净重 $X \sim N(\mu, \sigma^2)$,规定每袋食盐的标准质量(单位:kg)为 $\mu = 1$,方差 $\sigma^2 \leqslant 0.02^2$.为检验包装生产线工作是否正常,从中随机抽取 9 袋,测得净重为

0.994,1.014,1.02,0.95,1.03,0.968,0.976,1.048,0.982.

计算得均值 $\bar{x} = 0.998$,标准差 $s = 0.032$.请问:

(1) 这批袋装食盐的平均净重和规定质量是否有显著差异?($\alpha = 0.05$)

(2) 这批袋装食盐净重的方差是否符合规定的标准?($\alpha = 0.05$)

(3) 依据上述检验的结果,你认为包装生产线工作是否正常?

4. 某大学从来自 A,B 两市的新生中分别随机抽取 5 名与 6 名新生,测量其身高(单位:cm)后算得 $\bar{x} = 175.9, \bar{y} = 172.0, s_1^2 = 11.3, s_2^2 = 9.1$.假设两市新生身高分别服从正态分布 $X \sim N(\mu_1, \sigma^2), Y \sim N(\mu_2, \sigma^2)$,其中 σ^2 未知.根据这些数据检验两市新生身高差异是否显著.($\alpha = 0.05$)

5. 随机地从一批零件中抽取 16 个零件,测得其长度(单位:cm)为

2.14, 2.10, 2.13, 2.15, 2.13, 2.12, 2.13, 2.10,
2.15, 2.12, 2.14, 2.10, 2.13, 2.11, 2.14, 2.11.

设该零件的长度服从正态分布 $N(\mu, \sigma^2)$,就下述两种情形分别求总体均值 μ 的 90% 的置信区间:(1) 若已知 $\sigma = 0.01$;(2) 若 σ 未知.

6. 在某市调查 14 户城镇居民,得每三个月户均购买食用植物油数量的样本均值和样本标准差分别为 $\bar{x} = 8.7$ kg,$s = 1.67$ kg.假设每三个月户均购买食用植物油量 X(单位:kg)服从正态分布 $N(\mu, \sigma^2)$,试求:

(1) 置信度为 0.95 的总体均值 μ 的置信区间;

(2) 置信度为 0.90 的总体方差 σ^2 的置信区间.

7. 在硝酸钠($NaNO_3$)的溶解度试验中,对不同的温度 t 测得溶解于 100 mL 水中的硝酸钠的质量 Y 的观测值如下:

$t/℃$	0	4	10	15	21	29	36	51	68
Y/g	66.7	71.0	76.3	80.6	85.7	92.9	99.6	113.6	125.1

从理论上知 Y 与 t 满足一元线性回归模型,解答下列问题:

(1) 求 Y 对 t 的回归方程;

(2) 检验回归方程的显著性;($\alpha=0.01$)

(3) 求 Y 在 $t=25$ ℃时的预测区间.(置信度为 0.95)

8. 某种合金的抗拉强度 Y 与钢中含碳量 x 满足一元线性回归模型,现实测了 92 组数据 $(x_i, y_i)(i=1,2,\cdots,92)$,计算得

$\bar{x}=0.125\,5, \bar{y}=45.798\,9, l_{xx}=0.301\,8, l_{yy}=2\,941.033\,9, l_{xy}=26.509\,7$.

(1) 求 Y 对 x 的回归方程;

(2) 对回归方程作显著性检验;($\alpha=0.01$)

(3) 当含碳量 $x=0.09$ 时,求 Y 的置信度为 0.95 的预测区间;

(4) 如果要控制抗拉强度以 0.95 的概率落在 (38, 52) 中,那么含碳量 x 应控制在什么范围内?

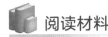

阅读材料

女士品茶故事背景介绍

某个夏日的午后,在英国剑桥大学,一群教员和他们的妻子在喝下午茶.一位女士坚持认为,将茶倒进牛奶里和将牛奶倒进茶里这两种方式做出的奶茶的味道是不同的.其他人都认为这两种方式做出的奶茶不可能有区别.此时,一位名叫费歇尔的人陷入了沉思,他考虑了各种试验设计方法,以确定这位女士是否能辨别出两种奶茶的区别.做完费歇尔设计的试验后,人们惊奇地发现,那位女士正确地判断出了每一杯奶茶的制作方式.

故事中的费歇尔是现代统计学的奠基者之一.他想用试验检验一下这位女士的味觉是否有这么敏锐.费歇尔倒了 8 杯奶茶,其中 4 杯是"先奶后茶",其余 4 杯是"先茶后奶".随机打乱次序后,费歇尔请这位女士品尝,并选出"先奶后茶"的 4 杯.下面的 2×2 表格大致描述了这个问题,其中 k 是该女士选对的杯数.

表 6.8 女士品茶随机试验结果

类别	该女士"先奶后茶"	该女士"先茶后奶"	总数
费歇尔"先奶后茶"	k	$4-k$	4
费歇尔"先茶后奶"	$4-k$	k	4
总数	4	4	8

抛开严谨的数学推理,先做一些直观的计算.也许这位女士并没有这种分辨能力,仅凭运气,她也可能全部答对.随机地从 8 杯中选 4 杯"先奶后茶",可能完全正确 ($k=4$).不过这个事件发生的概率是 $\dfrac{1}{C_8^4}=\dfrac{1}{70}\approx 0.014$,这是一个小概率事件,概率小于 0.05(通常的统计显著性水平).所以,若是这位女士全部答对,则她"没有这种分辨能力"这个假设就和数据不太相容,可以拒绝这个假设.也许这位女士运气不够好,错选了 1 杯 ($k=3$),这个事件的概率是 $\dfrac{C_4^3 C_4^1}{C_8^4}=\dfrac{16}{70}\approx 0.229$,这并不算一个小概率事件,即使这位女士全凭运气蒙对 3 杯也无甚稀奇.这里的概率计算基于以上 2×2 的表格,显然表格的每一行的和与每一列的和都是固定的,k 服从超几何分布.我们把该女士能正确分辨"先奶后茶"的奶茶数目 k 作为研究对象,那么试验结束后 k 的取值有 5 种可能:0,1,2,3,4.我们分别算出每种取值的概率:

表 6.9　女士品茶的排列组合

k	组合数	组合数结果	概率
0	$C_4^0 C_4^4$	1	0.014
1	$C_4^1 C_4^3$	16	0.229
2	$C_4^2 C_4^2$	36	0.514
3	$C_4^3 C_4^1$	16	0.229
4	$C_4^4 C_4^0$	1	0.014
总数	—	70	1

前面的两个式子就是超几何分布中 k 取 4 和 3 的概率. 从结果来看,如果我们接受之前的假设,即"该女士不具备这种分辨能力"是正确的,那么出现这种结果的概率只有 0.014. 换个角度,如果断定假设"该女士不具备这种分辨能力"是错误的,那么我们这个判断犯错误的概率是 0.014. 这个概率很小,比 0.05 还要小,所以我们有充足的理由认为该女士可以分辨出这些奶茶的制作方式,这就是统计推断中的一种重要思想方法——假设检验.

数理统计学的奠基人——费歇尔

费歇尔(Fisher,1890—1962),英国统计学家,数理统计学主要的奠基者. 他的一生致力于开创统计学的崭新领域,为现代统计学的发展奠定了坚实的基础.

费歇尔出生于英国伦敦一个中产家庭,从小酷爱数学和天文. 费歇尔在剑桥大学学习数学期间,对数理统计学产生了浓厚的兴趣,并开始研究概率与统计的理论和方法. 他对数理统计学的贡献涉及估计理论、假设检验、实验设计和方差分析等重要领域,提出了一系列创新的统计方法,其中最为显著的是方差分析理论的发展. 这种统计技术用于比较多个样本之间的差异,至今仍被科学家们广泛使用. 此外,费歇尔还提出了 F 分布,这一分布在方差分析理论中有重要的应用. 在概率论方面,费歇尔也做出了显著贡献,他提出的基于概率的统计推断方法用于检验科学假设的有效性,为推断性统计的发展奠定了基础,这种统计方法的进步对工农业生产和科学研究起到了极大的促进作用.

费歇尔不仅是一位著名的统计学家,还是一位闻名于世的优生学家和遗传学家. 他是统计遗传学的创始人之一. 他研究了突变、连锁、自然淘汰、近亲婚姻、移居和隔离等因素对总体遗传特性的影响,以及估计基因频率等数理统计问题,为遗传学的发展做出了重要贡献.

表 1　标准正态分布表

$$\Phi(u) = \int_{-\infty}^{u} \varphi(x)\,\mathrm{d}x \ (u \geq 0)$$

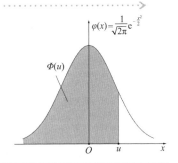

u	0	1	2	3	4	5	6	7	8	9
0.0	0.500 0	0.504 0	0.508 0	0.512 0	0.516 0	0.519 9	0.523 9	0.527 9	0.531 9	0.535 9
0.1	0.539 8	0.543 8	0.547 8	0.551 7	0.555 7	0.559 6	0.563 6	0.567 5	0.571 4	0.575 3
0.2	0.579 3	0.583 2	0.587 1	0.591 0	0.594 8	0.598 7	0.602 6	0.606 4	0.610 3	0.614 1
0.3	0.617 9	0.621 7	0.625 5	0.629 3	0.633 1	0.636 8	0.640 6	0.644 3	0.648 0	0.651 7
0.4	0.655 4	0.659 1	0.662 8	0.666 4	0.670 0	0.673 6	0.677 2	0.680 8	0.684 4	0.687 9
0.5	0.691 5	0.695 0	0.698 5	0.701 9	0.705 4	0.708 8	0.712 3	0.715 7	0.719 0	0.722 4
0.6	0.725 7	0.729 1	0.732 4	0.735 7	0.738 9	0.742 2	0.745 4	0.748 6	0.751 7	0.754 9
0.7	0.758 0	0.761 1	0.764 2	0.767 3	0.770 4	0.773 4	0.776 4	0.779 4	0.782 3	0.785 2
0.8	0.788 1	0.791 0	0.793 9	0.796 7	0.799 5	0.802 3	0.805 1	0.807 8	0.810 6	0.813 3
0.9	0.815 9	0.818 6	0.821 2	0.823 8	0.826 4	0.828 9	0.831 5	0.834 0	0.836 5	0.838 9
1.0	0.841 3	0.843 8	0.846 1	0.848 5	0.850 8	0.853 1	0.855 4	0.857 7	0.859 9	0.862 1
1.1	0.864 3	0.866 5	0.868 6	0.870 8	0.872 9	0.874 9	0.877 0	0.879 0	0.881 0	0.883 0
1.2	0.884 9	0.886 9	0.888 8	0.890 7	0.892 5	0.894 4	0.896 2	0.898 0	0.899 7	0.901 5
1.3	0.903 2	0.904 9	0.906 6	0.908 2	0.909 9	0.911 5	0.913 1	0.914 7	0.916 2	0.917 7
1.4	0.919 2	0.920 7	0.922 2	0.923 6	0.925 1	0.926 5	0.927 8	0.929 2	0.930 6	0.931 9
1.5	0.933 2	0.934 5	0.935 7	0.937 0	0.938 2	0.939 4	0.940 6	0.941 8	0.942 9	0.944 1
1.6	0.945 2	0.946 3	0.947 4	0.948 4	0.949 5	0.950 5	0.951 5	0.952 5	0.953 5	0.954 5
1.7	0.955 4	0.956 4	0.957 3	0.958 2	0.959 1	0.959 9	0.960 8	0.961 6	0.962 5	0.963 3
1.8	0.964 1	0.964 9	0.965 6	0.966 4	0.967 1	0.967 8	0.968 6	0.969 3	0.969 9	0.970 6
1.9	0.971 3	0.971 9	0.972 6	0.973 2	0.973 8	0.974 4	0.975 0	0.975 6	0.976 1	0.976 7
2.0	0.977 2	0.977 8	0.978 3	0.978 8	0.979 3	0.979 8	0.980 3	0.980 8	0.981 2	0.981 7
2.1	0.982 1	0.982 6	0.983 0	0.983 4	0.983 8	0.984 2	0.984 6	0.985 0	0.985 4	0.985 7
2.2	0.986 1	0.986 4	0.986 8	0.987 1	0.987 5	0.987 8	0.988 1	0.988 4	0.988 7	0.989 0
2.3	0.989 3	0.989 6	0.989 8	0.990 1	0.990 4	0.990 6	0.990 9	0.991 1	0.991 3	0.991 6
2.4	0.991 8	0.992 0	0.992 2	0.992 5	0.992 7	0.992 9	0.993 1	0.993 2	0.993 4	0.993 6
2.5	0.993 8	0.994 0	0.994 1	0.994 3	0.994 5	0.994 6	0.994 8	0.994 9	0.995 1	0.995 2
2.6	0.995 3	0.995 5	0.995 6	0.995 7	0.995 9	0.996 0	0.996 1	0.996 2	0.996 3	0.996 4
2.7	0.996 5	0.996 6	0.996 7	0.996 8	0.996 9	0.997 0	0.997 1	0.997 2	0.997 3	0.997 4
2.8	0.997 4	0.997 5	0.997 6	0.997 7	0.997 7	0.997 8	0.997 8	0.997 9	0.998 0	0.998 1
2.9	0.998 1	0.998 2	0.998 2	0.998 3	0.998 4	0.998 4	0.998 5	0.998 5	0.998 6	0.998 6
3.0	0.998 7	0.998 7	0.998 7	0.998 8	0.998 8	0.998 9	0.998 9	0.998 9	0.999 0	0.999 0

表 2 标准正态分布的双侧分位数 ($u_{\alpha/2}$) 表

$$\int_{-u_{\alpha/2}}^{u_{\alpha/2}} \varphi(x)\,dx = 1-\alpha$$

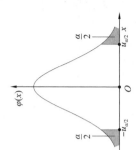

α	0	0.001	0.002	0.003	0.004	0.005	0.006	0.007	0.008	0.009
0	∞	3.290 526 731	3.090 232 306	2.967 737 925	2.878 161 739	2.807 033 768	2.747 781 385	2.696 844 261	2.652 069 808	2.612 054 141
0.01	2.575 829 304	2.542 698 819	2.512 144 328	2.483 769 293	2.457 263 39	2.432 379 059	2.408 915 546	2.386 707 734	2.365 618 127	2.345 530 971
0.02	2.326 347 874	2.307 984 475	2.290 367 878	2.273 434 651	2.257 129 244	2.241 402 728	2.226 211 769	2.211 517 809	2.197 286 377	2.183 486 528
0.03	2.170 090 378	2.157 072 704	2.144 410 621	2.132 083 291	2.120 071 69	2.108 358 399	2.096 927 429	2.085 764 065	2.074 854 734	2.064 186 89
0.04	2.053 748 911	2.043 530 007	2.033 520 149	2.023 709 991	2.014 090 812	2.004 654 462	1.995 393 31	1.986 300 204	1.977 368 428	1.968 591 669
0.05	1.959 963 985	1.951 479 773	1.943 133 751	1.934 920 925	1.926 836 573	1.918 876 226	1.911 035 648	1.903 310 819	1.895 697 924	1.888 193 337
0.06	1.880 793 608	1.873 495 453	1.866 295 743	1.859 191 494	1.852 179 859	1.845 258 117	1.838 423 669	1.831 674 03	1.825 006 821	1.818 419 763
0.07	1.811 910 673	1.805 477 457	1.799 118 107	1.792 830 694	1.786 613 365	1.780 464 342	1.774 381 91	1.768 364 424	1.762 410 298	1.756 518 004
0.08	1.750 686 071	1.744 913 081	1.739 197 665	1.733 538 504	1.727 934 322	1.722 383 89	1.716 886 018	1.711 439 558	1.706 043 397	1.700 696 461
0.09	1.695 397 71	1.690 146 138	1.684 940 768	1.679 780 657	1.674 664 889	1.669 592 577	1.664 562 861	1.659 574 906	1.654 627 902	1.649 721 064
0.1	1.644 853 627	0.543 795 313	0.547 758 426	0.551 716 787	0.555 670 005	0.559 617 692	0.563 559 463	0.567 494 932	0.571 423 716	0.575 345 435

表3 χ^2 分布的上侧分位数 ($\chi_\alpha^2(n)$) 表

$$P(\chi^2 > \chi_\alpha^2(n)) = \alpha$$

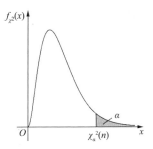

n	α								
	0.995	0.99	0.975	0.95	0.9	0.1	0.05	0.025	0.01
1			0.001	0.004	0.016	2.706	3.841	5.024	6.635
2	0.010	0.020	0.051	0.103	0.211	4.605	5.991	7.378	9.210
3	0.072	0.115	0.216	0.352	0.584	6.251	7.815	9.348	11.345
4	0.207	0.297	0.484	0.711	1.064	7.779	9.488	11.143	13.277
5	0.412	0.554	0.831	1.145	1.610	9.236	11.070	12.833	15.086
6	0.676	0.872	1.237	1.635	2.204	10.645	12.592	14.449	16.812
7	0.989	1.239	1.690	2.167	2.833	12.017	14.067	16.013	18.475
8	1.344	1.646	2.180	2.733	3.490	13.362	15.507	17.535	20.090
9	1.735	2.088	2.700	3.325	4.168	14.684	16.919	19.023	21.666
10	2.156	2.558	3.247	3.940	4.865	15.987	18.307	20.483	23.209
11	2.603	3.053	3.816	4.575	5.578	17.275	19.675	21.920	24.725
12	3.074	3.571	4.404	5.226	6.304	18.549	21.026	23.337	26.217
13	3.565	4.107	5.009	5.892	7.042	19.812	22.362	24.736	27.688
14	4.075	4.660	5.629	6.571	7.790	21.064	23.685	26.119	29.141
15	4.601	5.229	6.262	7.261	8.547	22.307	24.996	27.488	30.578
16	5.142	5.812	6.908	7.962	9.312	23.542	26.296	28.845	32.000
17	5.697	6.408	7.564	8.672	10.085	24.769	27.587	30.191	33.409
18	6.265	7.015	8.231	9.390	10.865	25.989	28.869	31.526	34.805
19	6.844	7.633	8.907	10.117	11.651	27.204	30.144	32.852	36.191
20	7.434	8.260	9.591	10.851	12.443	28.412	31.410	34.170	37.566
21	8.034	8.897	10.283	11.591	13.240	29.615	32.671	35.479	38.932
22	8.643	9.542	10.982	12.338	14.041	30.813	33.924	36.781	40.289
23	9.260	10.196	11.689	13.091	14.848	32.007	35.172	38.076	41.638
24	9.886	10.856	12.401	13.848	15.659	33.196	36.415	39.364	42.980
25	10.520	11.524	13.120	14.611	16.473	34.382	37.652	40.646	44.314
26	11.160	12.198	13.844	15.379	17.292	35.563	38.885	41.923	45.642
27	11.808	12.879	14.573	16.151	18.114	36.741	40.113	43.195	46.963
28	12.461	13.565	15.308	16.928	18.939	37.916	41.337	44.461	48.278
29	13.121	14.256	16.047	17.708	19.768	39.087	42.557	45.722	49.588
30	13.787	14.953	16.791	18.493	20.599	40.256	43.773	46.979	50.892
40	20.707	22.164	24.433	26.509	29.051	51.805	55.758	59.342	63.691
50	27.991	29.707	32.357	34.764	37.689	63.167	67.505	71.420	76.154
60	35.534	37.485	40.482	43.188	46.459	74.397	79.082	83.298	88.379
80	51.172	53.540	57.153	60.391	64.278	96.578	101.879	106.629	112.329
100	67.328	70.065	74.222	77.929	82.358	118.498	124.342	129.561	135.807

表4 t 分布的上侧分位数$(t_\alpha(n))$表

$$P(t > t_\alpha(n)) = \alpha$$

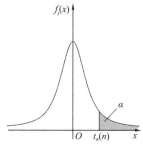

n	α										
	0.45	0.4	0.35	0.3	0.25	0.2	0.15	0.1	0.05	0.025	0.01	0.005
1	0.158	0.325	0.510	0.727	1.000	1.376	1.963	3.078	6.314	12.706	31.821	63.657
2	0.142	0.289	0.445	0.617	0.816	1.061	1.386	1.886	2.920	4.303	6.965	9.925
3	0.137	0.277	0.424	0.584	0.765	0.978	1.250	1.638	2.353	3.182	4.541	5.841
4	0.134	0.271	0.414	0.569	0.741	0.941	1.190	1.533	2.132	2.776	3.747	4.604
5	0.132	0.267	0.408	0.559	0.727	0.920	1.156	1.476	2.015	2.571	3.365	4.032
6	0.131	0.265	0.404	0.553	0.718	0.906	1.134	1.440	1.943	2.447	3.143	3.707
7	0.130	0.263	0.402	0.549	0.711	0.896	1.119	1.415	1.895	2.365	2.998	3.499
8	0.130	0.262	0.399	0.546	0.706	0.889	1.108	1.397	1.860	2.306	2.896	3.355
9	0.129	0.261	0.398	0.543	0.703	0.883	1.100	1.383	1.833	2.262	2.821	3.250
10	0.129	0.260	0.397	0.542	0.700	0.879	1.093	1.372	1.812	2.228	2.764	3.169
11	0.129	0.260	0.396	0.540	0.697	0.876	1.088	1.363	1.796	2.201	2.718	3.106
12	0.128	0.259	0.395	0.539	0.695	0.873	1.083	1.356	1.782	2.179	2.681	3.055
13	0.128	0.259	0.394	0.538	0.694	0.870	1.079	1.350	1.771	2.160	2.650	3.012
14	0.128	0.258	0.393	0.537	0.692	0.868	1.076	1.345	1.761	2.145	2.624	2.977
15	0.128	0.258	0.393	0.536	0.691	0.866	1.074	1.341	1.753	2.131	2.602	2.947
16	0.128	0.258	0.392	0.535	0.690	0.865	1.071	1.337	1.746	2.120	2.583	2.921
17	0.128	0.257	0.392	0.534	0.689	0.863	1.069	1.333	1.740	2.110	2.567	2.898
18	0.127	0.257	0.392	0.534	0.688	0.862	1.067	1.330	1.734	2.101	2.552	2.878
19	0.127	0.257	0.391	0.533	0.688	0.861	1.066	1.328	1.729	2.093	2.539	2.861
20	0.127	0.257	0.391	0.533	0.687	0.860	1.064	1.325	1.725	2.086	2.528	2.845
21	0.127	0.257	0.391	0.532	0.686	0.859	1.063	1.323	1.721	2.080	2.518	2.831
22	0.127	0.256	0.390	0.532	0.686	0.858	1.061	1.321	1.717	2.074	2.508	2.819
23	0.127	0.256	0.390	0.532	0.685	0.858	1.060	1.319	1.714	2.069	2.500	2.807
24	0.127	0.256	0.390	0.531	0.685	0.857	1.059	1.318	1.711	2.064	2.492	2.797
25	0.127	0.256	0.390	0.531	0.684	0.856	1.058	1.316	1.708	2.060	2.485	2.787
26	0.127	0.256	0.390	0.531	0.684	0.856	1.058	1.315	1.706	2.056	2.479	2.779
27	0.127	0.256	0.389	0.531	0.684	0.855	1.057	1.314	1.703	2.052	2.473	2.771
28	0.127	0.256	0.389	0.530	0.683	0.855	1.056	1.313	1.701	2.048	2.467	2.763
29	0.127	0.256	0.389	0.530	0.683	0.854	1.055	1.311	1.699	2.045	2.462	2.756
30	0.127	0.256	0.389	0.530	0.683	0.854	1.055	1.310	1.697	2.042	2.457	2.750
35	0.127	0.255	0.388	0.529	0.682	0.852	1.052	1.306	1.690	2.030	2.438	2.724
40	0.126	0.255	0.388	0.529	0.681	0.851	1.050	1.303	1.684	2.021	2.423	2.704
50	0.126	0.255	0.388	0.528	0.679	0.849	1.047	1.299	1.676	2.009	2.403	2.678
60	0.126	0.254	0.387	0.527	0.679	0.848	1.045	1.296	1.671	2.000	2.390	2.660
120	0.126	0.254	0.386	0.526	0.677	0.845	1.041	1.289	1.658	1.980	2.358	2.617

表 5 F 分布的上侧分位数($F_\alpha(n_1,n_2)$)表

$$P(F>F_\alpha(n_1,n_2))=\alpha$$

$\alpha=0.05$

n_2 \ n_1	1	2	3	4	5	6	7	8	9	10	12	14	16	18	20	22	24	26	28	30	35	40	60	80	100	120
2	18.513	19.000	19.164	19.247	19.296	19.330	19.353	19.371	19.385	19.396	19.413	19.424	19.433	19.440	19.446	19.450	19.454	19.457	19.460	19.462	19.467	19.471	19.479	19.483	19.486	19.487
3	10.128	9.552	9.277	9.117	9.013	8.941	8.887	8.845	8.812	8.786	8.745	8.715	8.692	8.675	8.660	8.648	8.639	8.630	8.623	8.617	8.604	8.594	8.572	8.561	8.554	8.549
4	7.709	6.944	6.591	6.388	6.256	6.163	6.094	6.041	5.999	5.964	5.912	5.873	5.844	5.821	5.803	5.787	5.774	5.763	5.754	5.746	5.729	5.717	5.688	5.673	5.664	5.658
5	6.608	5.786	5.409	5.192	5.050	4.950	4.876	4.818	4.772	4.735	4.678	4.636	4.604	4.579	4.558	4.541	4.527	4.515	4.505	4.496	4.478	4.464	4.431	4.415	4.405	4.398
6	5.987	5.143	4.757	4.534	4.387	4.284	4.207	4.147	4.099	4.060	4.000	3.956	3.922	3.896	3.874	3.856	3.841	3.829	3.818	3.808	3.789	3.774	3.740	3.722	3.712	3.705
7	5.591	4.737	4.347	4.120	3.972	3.866	3.787	3.726	3.677	3.637	3.575	3.529	3.494	3.467	3.445	3.426	3.410	3.397	3.386	3.376	3.356	3.340	3.304	3.286	3.275	3.267
8	5.318	4.459	4.066	3.838	3.687	3.581	3.500	3.438	3.388	3.347	3.284	3.237	3.202	3.173	3.150	3.131	3.115	3.102	3.090	3.079	3.059	3.043	3.005	2.986	2.975	2.967
9	5.117	4.256	3.863	3.633	3.482	3.374	3.293	3.230	3.179	3.137	3.073	3.025	2.989	2.960	2.936	2.917	2.900	2.886	2.874	2.864	2.842	2.826	2.787	2.768	2.756	2.748
10	4.965	4.103	3.708	3.478	3.326	3.217	3.135	3.072	3.020	2.978	2.913	2.865	2.828	2.798	2.774	2.754	2.737	2.723	2.710	2.700	2.678	2.661	2.621	2.601	2.588	2.580
11	4.844	3.982	3.587	3.357	3.204	3.095	3.012	2.948	2.896	2.854	2.788	2.739	2.701	2.671	2.646	2.626	2.609	2.594	2.582	2.570	2.548	2.531	2.490	2.469	2.457	2.448
12	4.747	3.885	3.490	3.259	3.106	2.996	2.913	2.849	2.796	2.753	2.687	2.637	2.599	2.568	2.544	2.523	2.505	2.491	2.478	2.466	2.443	2.426	2.384	2.363	2.350	2.341
13	4.667	3.806	3.411	3.179	3.025	2.915	2.832	2.767	2.714	2.671	2.604	2.554	2.515	2.484	2.459	2.438	2.420	2.405	2.392	2.380	2.357	2.339	2.297	2.275	2.261	2.252
14	4.600	3.739	3.344	3.112	2.958	2.848	2.764	2.699	2.646	2.602	2.534	2.484	2.445	2.413	2.388	2.367	2.349	2.333	2.320	2.308	2.284	2.266	2.223	2.201	2.187	2.178
15	4.543	3.682	3.287	3.056	2.901	2.790	2.707	2.641	2.588	2.544	2.475	2.424	2.385	2.353	2.328	2.306	2.288	2.272	2.259	2.247	2.223	2.204	2.160	2.137	2.123	2.114

续表

n_2	n_1																									
	1	2	3	4	5	6	7	8	9	10	12	14	16	18	20	22	24	26	28	30	35	40	60	80	100	120
16	4.494	3.634	3.239	3.007	2.852	2.741	2.657	2.591	2.538	2.494	2.425	2.373	2.333	2.302	2.276	2.254	2.235	2.220	2.206	2.194	2.169	2.151	2.106	2.083	2.068	2.059
17	4.451	3.592	3.197	2.965	2.810	2.699	2.614	2.548	2.494	2.450	2.381	2.329	2.289	2.257	2.230	2.208	2.190	2.174	2.160	2.148	2.123	2.104	2.058	2.035	2.020	2.011
18	4.414	3.555	3.160	2.928	2.773	2.661	2.577	2.510	2.456	2.412	2.342	2.290	2.250	2.217	2.191	2.168	2.150	2.134	2.119	2.107	2.082	2.063	2.017	1.993	1.978	1.968
19	4.381	3.522	3.127	2.895	2.740	2.628	2.544	2.477	2.423	2.378	2.308	2.256	2.215	2.182	2.155	2.133	2.114	2.098	2.084	2.071	2.046	2.026	1.980	1.955	1.940	1.930
20	4.351	3.493	3.098	2.866	2.711	2.599	2.514	2.447	2.393	2.348	2.278	2.225	2.184	2.151	2.124	2.102	2.082	2.066	2.052	2.039	2.013	1.994	1.946	1.922	1.907	1.896
21	4.325	3.467	3.072	2.840	2.685	2.573	2.488	2.420	2.366	2.321	2.250	2.197	2.156	2.123	2.096	2.073	2.054	2.037	2.023	2.010	1.984	1.965	1.916	1.891	1.876	1.866
22	4.301	3.443	3.049	2.817	2.661	2.549	2.464	2.397	2.342	2.297	2.226	2.173	2.131	2.098	2.071	2.048	2.028	2.012	1.997	1.984	1.958	1.938	1.889	1.864	1.849	1.838
23	4.279	3.422	3.028	2.796	2.640	2.528	2.442	2.375	2.320	2.275	2.204	2.150	2.109	2.075	2.048	2.025	2.005	1.988	1.973	1.961	1.934	1.914	1.865	1.839	1.823	1.813
24	4.260	3.403	3.009	2.776	2.621	2.508	2.423	2.355	2.300	2.255	2.183	2.130	2.088	2.054	2.027	2.003	1.984	1.967	1.952	1.939	1.912	1.892	1.842	1.816	1.800	1.790
25	4.242	3.385	2.991	2.759	2.603	2.490	2.405	2.337	2.282	2.236	2.165	2.111	2.069	2.035	2.007	1.984	1.964	1.947	1.932	1.919	1.892	1.872	1.822	1.796	1.779	1.768
26	4.225	3.369	2.975	2.743	2.587	2.474	2.388	2.321	2.265	2.220	2.148	2.094	2.052	2.018	1.990	1.966	1.946	1.929	1.914	1.901	1.874	1.853	1.803	1.776	1.760	1.749
27	4.210	3.354	2.960	2.728	2.572	2.459	2.373	2.305	2.250	2.204	2.132	2.078	2.036	2.002	1.974	1.950	1.930	1.913	1.898	1.884	1.857	1.836	1.785	1.758	1.742	1.731
28	4.196	3.340	2.947	2.714	2.558	2.445	2.359	2.291	2.236	2.190	2.118	2.064	2.021	1.987	1.959	1.935	1.915	1.897	1.882	1.869	1.841	1.820	1.769	1.742	1.725	1.714
29	4.183	3.328	2.934	2.701	2.545	2.432	2.346	2.278	2.223	2.177	2.104	2.050	2.007	1.973	1.945	1.921	1.901	1.883	1.868	1.854	1.827	1.806	1.754	1.726	1.710	1.698
30	4.171	3.316	2.922	2.690	2.534	2.421	2.334	2.266	2.211	2.165	2.092	2.037	1.995	1.960	1.932	1.908	1.887	1.870	1.854	1.841	1.813	1.792	1.740	1.712	1.695	1.683
40	4.085	3.232	2.839	2.606	2.449	2.336	2.249	2.180	2.124	2.077	2.003	1.948	1.904	1.868	1.839	1.814	1.793	1.775	1.759	1.744	1.715	1.693	1.637	1.608	1.589	1.577
60	4.001	3.150	2.758	2.525	2.368	2.254	2.167	2.097	2.040	1.993	1.917	1.860	1.815	1.778	1.748	1.722	1.700	1.681	1.664	1.649	1.618	1.594	1.534	1.502	1.481	1.467
120	3.920	3.072	2.680	2.447	2.290	2.175	2.087	2.016	1.959	1.910	1.834	1.775	1.728	1.690	1.659	1.632	1.608	1.588	1.570	1.554	1.521	1.495	1.429	1.392	1.369	1.352

$\alpha = 0.01$

n_2 \ n_1	1	2	3	4	5	6	7	8	9	10	12	14	16	18	20	22	24	26	28	30	35	40	60	80	100	120
2	98.503	99.000	99.166	99.249	99.299	99.333	99.356	99.374	99.388	99.399	99.416	99.428	99.437	99.444	99.449	99.454	99.458	99.461	99.463	99.466	99.471	99.474	99.482	99.487	99.489	99.491
3	34.116	30.817	29.457	28.710	28.237	27.911	27.672	27.489	27.345	27.229	27.052	26.924	26.827	26.751	26.690	26.640	26.598	26.562	26.531	26.505	26.451	26.411	26.316	26.269	26.240	26.221
4	21.198	18.000	16.694	15.977	15.522	15.207	14.976	14.799	14.659	14.546	14.374	14.249	14.154	14.080	14.020	13.970	13.929	13.894	13.864	13.838	13.785	13.745	13.652	13.605	13.577	13.558
5	16.258	13.274	12.060	11.392	10.967	10.672	10.456	10.289	10.158	10.051	9.888	9.770	9.680	9.610	9.553	9.506	9.466	9.433	9.404	9.379	9.329	9.291	9.202	9.157	9.130	9.112
6	13.745	10.925	9.780	9.148	8.746	8.466	8.260	8.102	7.976	7.874	7.718	7.605	7.519	7.451	7.396	7.351	7.313	7.280	7.253	7.229	7.180	7.143	7.057	7.013	6.987	6.969
7	12.246	9.547	8.451	7.847	7.460	7.191	6.993	6.840	6.719	6.620	6.469	6.359	6.275	6.209	6.155	6.111	6.074	6.043	6.016	5.992	5.944	5.908	5.824	5.781	5.755	5.737
8	11.259	8.649	7.591	7.006	6.632	6.371	6.178	6.029	5.911	5.814	5.667	5.559	5.477	5.412	5.359	5.316	5.279	5.248	5.221	5.198	5.151	5.116	5.032	4.989	4.963	4.946
9	10.561	8.022	6.992	6.422	6.057	5.802	5.613	5.467	5.351	5.257	5.111	5.005	4.924	4.860	4.808	4.765	4.729	4.698	4.672	4.649	4.602	4.567	4.483	4.441	4.415	4.398
10	10.044	7.559	6.552	5.994	5.636	5.386	5.200	5.057	4.942	4.849	4.706	4.601	4.520	4.457	4.405	4.363	4.327	4.296	4.270	4.247	4.200	4.165	4.082	4.039	4.014	3.996
11	9.646	7.206	6.217	5.668	5.316	5.069	4.886	4.744	4.632	4.539	4.397	4.293	4.213	4.150	4.099	4.057	4.021	3.990	3.964	3.941	3.895	3.860	3.776	3.734	3.708	3.690
12	9.330	6.927	5.953	5.412	5.064	4.821	4.640	4.499	4.388	4.296	4.155	4.052	3.972	3.909	3.858	3.816	3.780	3.750	3.724	3.701	3.654	3.619	3.535	3.493	3.467	3.449
13	9.074	6.701	5.739	5.205	4.862	4.620	4.441	4.302	4.191	4.100	3.960	3.857	3.778	3.716	3.665	3.622	3.587	3.556	3.530	3.507	3.461	3.425	3.341	3.298	3.272	3.255
14	8.862	6.515	5.564	5.035	4.695	4.456	4.278	4.140	4.030	3.939	3.800	3.698	3.619	3.556	3.505	3.463	3.427	3.397	3.371	3.348	3.301	3.266	3.181	3.138	3.112	3.094
15	8.683	6.359	5.417	4.893	4.556	4.318	4.142	4.004	3.895	3.805	3.666	3.564	3.485	3.423	3.372	3.330	3.294	3.264	3.237	3.214	3.167	3.132	3.047	3.004	2.977	2.959
16	8.531	6.226	5.292	4.773	4.437	4.202	4.026	3.890	3.780	3.691	3.553	3.451	3.372	3.310	3.259	3.216	3.181	3.150	3.124	3.101	3.054	3.018	2.933	2.889	2.863	2.845
17	8.400	6.112	5.185	4.669	4.336	4.102	3.927	3.791	3.682	3.593	3.455	3.353	3.275	3.212	3.162	3.119	3.084	3.053	3.026	3.003	2.956	2.920	2.835	2.791	2.764	2.746
18	8.285	6.013	5.092	4.579	4.248	4.015	3.841	3.705	3.597	3.508	3.371	3.269	3.190	3.128	3.077	3.035	2.999	2.968	2.942	2.919	2.871	2.835	2.749	2.705	2.678	2.660
19	8.185	5.926	5.010	4.500	4.171	3.939	3.765	3.631	3.523	3.434	3.297	3.195	3.116	3.054	3.003	2.961	2.925	2.894	2.868	2.844	2.797	2.761	2.674	2.630	2.602	2.584
20	8.096	5.849	4.938	4.431	4.103	3.871	3.699	3.564	3.457	3.368	3.231	3.130	3.051	2.989	2.938	2.895	2.859	2.829	2.802	2.778	2.731	2.695	2.608	2.563	2.535	2.517
21	8.017	5.780	4.874	4.369	4.042	3.812	3.640	3.506	3.398	3.310	3.173	3.072	2.993	2.931	2.880	2.837	2.801	2.770	2.743	2.720	2.672	2.636	2.548	2.503	2.475	2.457
22	7.945	5.719	4.817	4.313	3.988	3.758	3.587	3.453	3.346	3.258	3.121	3.019	2.941	2.879	2.827	2.785	2.749	2.718	2.691	2.667	2.620	2.583	2.495	2.450	2.422	2.403
23	7.881	5.664	4.765	4.264	3.939	3.710	3.539	3.406	3.299	3.211	3.074	2.973	2.894	2.832	2.781	2.738	2.702	2.671	2.644	2.620	2.572	2.535	2.447	2.401	2.373	2.354

续表

n_2	n_1																							
	1	2	3	4	5	6	7	8	9	10	12	14	16	18	20	22	24	26	28	30	35	40	60	80	100	120
24	7.823	5.614	4.718	4.218	3.895	3.667	3.496	3.363	3.256	3.168	3.032	2.930	2.852	2.789	2.738	2.695	2.659	2.628	2.601	2.577	2.529	2.492	2.403	2.357	2.329	2.310
25	7.770	5.568	4.675	4.177	3.855	3.627	3.457	3.324	3.217	3.129	2.993	2.892	2.813	2.751	2.699	2.657	2.620	2.589	2.562	2.538	2.490	2.453	2.364	2.317	2.289	2.270
26	7.721	5.526	4.637	4.140	3.818	3.591	3.421	3.288	3.182	3.094	2.958	2.857	2.778	2.715	2.664	2.621	2.585	2.554	2.526	2.503	2.454	2.417	2.327	2.281	2.252	2.233
27	7.677	5.488	4.601	4.106	3.785	3.558	3.388	3.256	3.149	3.062	2.926	2.824	2.746	2.683	2.632	2.589	2.552	2.521	2.494	2.470	2.421	2.384	2.294	2.247	2.218	2.198
28	7.636	5.453	4.568	4.074	3.754	3.528	3.358	3.226	3.120	3.032	2.896	2.795	2.716	2.653	2.602	2.559	2.522	2.491	2.464	2.440	2.391	2.354	2.263	2.216	2.187	2.167
29	7.598	5.420	4.538	4.045	3.725	3.499	3.330	3.198	3.092	3.005	2.868	2.767	2.689	2.626	2.574	2.531	2.495	2.463	2.436	2.412	2.363	2.325	2.234	2.187	2.158	2.138
30	7.562	5.390	4.510	4.018	3.699	3.473	3.304	3.173	3.067	2.979	2.843	2.742	2.663	2.600	2.549	2.506	2.469	2.437	2.410	2.386	2.337	2.299	2.208	2.160	2.131	2.111
40	7.314	5.179	4.313	3.828	3.514	3.291	3.124	2.993	2.888	2.801	2.665	2.563	2.484	2.421	2.369	2.325	2.288	2.256	2.228	2.203	2.153	2.114	2.019	1.969	1.938	1.917
60	7.077	4.977	4.126	3.649	3.339	3.119	2.953	2.823	2.718	2.632	2.496	2.394	2.315	2.251	2.198	2.153	2.115	2.083	2.054	2.028	1.976	1.936	1.836	1.783	1.749	1.726
90	6.925	4.849	4.007	3.535	3.228	3.009	2.845	2.715	2.611	2.524	2.389	2.286	2.206	2.142	2.088	2.043	2.004	1.971	1.942	1.916	1.862	1.820	1.716	1.659	1.623	1.598
120	6.851	4.787	3.949	3.480	3.174	2.956	2.792	2.663	2.559	2.472	2.336	2.234	2.154	2.089	2.035	1.989	1.950	1.916	1.886	1.860	1.806	1.763	1.656	1.597	1.559	1.533
150	6.807	4.749	3.915	3.447	3.142	2.924	2.761	2.632	2.528	2.441	2.305	2.203	2.122	2.057	2.003	1.957	1.918	1.884	1.854	1.827	1.772	1.729	1.620	1.559	1.520	1.493

习题参考答案

习题 1

1. (1) 0；(2) 0；(3) 极限不存在，理由略.

2. (1) 0；(2) ∞；(3) 1.

3. $\lim\limits_{x\to 1}\dfrac{1}{x^2-1}=\infty$，$\lim\limits_{x\to -1}\dfrac{1}{x^2-1}=\infty$，$\lim\limits_{x\to\infty}\dfrac{1}{x^2-1}=0$.

4. 在 $x\to 0$ 的过程中，(1)(2) 为无穷大，(5)(6)(7) 为无穷小，(3)(4)(8) 既不是无穷小也不是无穷大.

5. (1) 2；(2) 0；(3) 0；(4) $\dfrac{1}{2}$；(5) $\dfrac{1}{2}$；(6) $-\dfrac{1}{4}$；(7) $\dfrac{1}{2}$；(8) 1；(9) 1；(10) $2x$.

6. (1) $\dfrac{1}{4}$；(2) 1；(3) e^4；(4) e^6；(5) 1；(6) e^{-1}；(7) 2.

7. (1) $-\dfrac{1}{4}$；(2) 1；(3) $\dfrac{2}{3}$；(4) 1.

8. (1) $y'=3x^2-\dfrac{2}{x^3}$； (2) $y'=2^x\ln 2+2x$；

(3) $y'=2\ln(2x+1)+2$； (4) $y'=2x\cos(x^2+1)$；

(5) $y'=2e^{2x}(\cos x^2-x\sin x^2)$； (6) $y'=\dfrac{x}{\sqrt{x^2+1}}$；

(7) $y'=\dfrac{1-\ln x}{x^2}$； (8) $y'=\dfrac{2\cos 2x}{\cos^2(\sin 2x)}$；

(9) $y'=-\dfrac{1}{x^2}\cos\dfrac{1}{x}e^{\sin\frac{1}{x}}$； (10) $y'=2e^{x^2}(2x^2+3x+1)$.

9. (1) $y''=4(x+1)e^{2x}$； (2) $y''=2\cos x-x\sin x$；

(3) $y''=(3\sin x+4\cos x)e^{2x}$； (4) $y''=8(2x+1)^{-3}$.

10. (1) $\mathrm{d}y=\dfrac{1}{\sqrt{x^2+a^2}}\mathrm{d}x$； (2) $\mathrm{d}y=\left(\dfrac{1}{\sqrt{x}}-\dfrac{1}{x^2}\right)\mathrm{d}x$.

11. (1) 2；(2) 2；(3) -3；(4) α；(5) $-\dfrac{1}{2}$；(6) e.

12. $\Delta V=30.301$，$\mathrm{d}V=30$.

13. (1) 0.99；(2) 2.001 67.

14. $f_{\min}=f(-1)=-\dfrac{5}{2}$，$f_{\max}=f\left(\dfrac{27}{8}\right)=0$.

15. 1 000.

习题 2

1. (1) $\geqslant$；(2) $\leqslant$.

2. (1) $x-x^3+C$；(2) $\dfrac{3^x}{\ln 3}+\dfrac{1}{4}x^4+C$；(3) $\dfrac{1}{\sqrt[3]{x^2}}-2\sqrt{x}+C$；

(4) $x-\ln|x|+\dfrac{2}{x}+C$；

3. (1) $\dfrac{21}{8}$；(2) $\dfrac{64}{3}$；(3) $\dfrac{5}{2}$；(4) $\dfrac{e}{2}$.

4. (1) $-\sqrt{2-x^2}+C$；(2) $x-\ln(1+e^x)+C$；

(3) $\dfrac{1}{3}\cos^3 x-\cos x+C$；(4) $\sqrt{2x}-\ln(1+\sqrt{2x})+C$；

(5) $-x\cos x+\sin x+C$；(6) $2e^{\sqrt{x}}(\sqrt{x}-1)+C$.

5. (1) $\ln 2$；(2) 0；(3) $\dfrac{\pi}{4}$；(4) $\dfrac{1}{3}$；(5) $\dfrac{\pi}{4}$；(6) $2\ln 2-1$；(7) $1-\dfrac{2}{e}$；

(8) $\dfrac{\pi}{2}-1$.

6. (1) $\dfrac{1}{6}$；(2) 1.

习题 3

1. (1) 有唯一解，$\begin{cases} x_1=-\dfrac{3}{2}, \\ x_2=\dfrac{1}{2}, \\ x_3=2; \end{cases}$

(2) 仅有零解；

(3) 无解；

(4) 有无穷多解，通解为 $\begin{cases} x_1=5k, \\ x_2=-4k, \\ x_3=k \end{cases}$ (k 为任意常数)；

(5) 有无穷多解，通解为 $\begin{cases} x_1=-2k_1-k_2, \\ x_2=k_1+k_2, \\ x_3=k_1, \\ x_4=k_2 \end{cases}$ (k_1,k_2 是任意常数)；

(6) 有无穷多解，通解为 $\begin{cases} x_1=-2k_1+\dfrac{1}{2}k_2-\dfrac{3}{2}, \\ x_2=k_1, \\ x_3=-\dfrac{1}{2}k_2+\dfrac{13}{6}, \\ x_4=k_2 \end{cases}$ (k 是任意常数).

2. $AB = \begin{pmatrix} -7 & -9 \\ 19 & 3 \end{pmatrix}, BA = \begin{pmatrix} -4 & -12 & 8 \\ 9 & 2 & 7 \\ -4 & -2 & -2 \end{pmatrix}.$

3. $-2A + 3B = \begin{pmatrix} -8 & -1 & -1 \\ -7 & -2 & 0 \\ 3 & 8 & 4 \end{pmatrix}, AB = \begin{pmatrix} -2 & 5 & 1 \\ -8 & -4 & -6 \\ 2 & 2 & 4 \end{pmatrix},$

$BA = \begin{pmatrix} 0 & -4 & -6 \\ -1 & 0 & -4 \\ 5 & 2 & -2 \end{pmatrix}.$

4. $AB = \begin{pmatrix} 0 & -3 \\ 13 & 15 \\ -2 & 4 \end{pmatrix}, CB = \begin{pmatrix} 26 & 14 \\ -7 & -15 \end{pmatrix}, B^T C^T = (CB)^T = \begin{pmatrix} 26 & -7 \\ 14 & -15 \end{pmatrix}.$

5. $A^{-1} = \begin{pmatrix} -\frac{1}{2} & 1 & \frac{3}{2} \\ 0 & 1 & 0 \\ \frac{1}{2} & -1 & -\frac{1}{2} \end{pmatrix}, B^{-1} = \begin{pmatrix} \frac{3}{4} & -\frac{1}{4} & -\frac{1}{4} \\ -\frac{1}{4} & \frac{3}{4} & -\frac{1}{4} \\ -\frac{1}{4} & -\frac{1}{4} & \frac{3}{4} \end{pmatrix},$

$(AB)^{-1} = \begin{pmatrix} -\frac{1}{2} & \frac{3}{4} & \frac{5}{4} \\ 0 & \frac{3}{4} & -\frac{1}{4} \\ \frac{1}{2} & -\frac{5}{4} & -\frac{3}{4} \end{pmatrix}.$

6. (1) $X = \begin{pmatrix} \frac{11}{7} & -\frac{9}{7} \\ -\frac{19}{7} & \frac{20}{7} \end{pmatrix}$; (2) $X = \begin{pmatrix} 1 & 2 & 1 \\ 2 & 1 & 0 \\ 1 & 3 & 1 \end{pmatrix}$; (3) $X = \begin{pmatrix} 2 & 3 \\ 1 & -1 \\ 2 & 4 \end{pmatrix}.$

习题 4

1. (1) -7; (2) $\cos(\alpha - \beta)$.

2. $a = \frac{1}{2}$.

3. (1) -20; (2) -7.

4. (1) 160; (2) $1 - a^2 - b^2 - c^2$; (3) $(ad - ab)^2 - (cb - cd)^2$;
   (4) $(x_2 - x_1)(x_3 - x_1)(1 - x_1)(x_3 - x_2)(1 - x_2)(1 - x_3)$.

5. (1) 2; (2) 0.

6. (1) $(-1)^{n-1}$; (2) $[x + (n-1)a](x - a)^{n-1}$.

7. (1) $x_1 = \frac{13}{17}, x_2 = \frac{3}{17}, x_3 = \frac{1}{17}$; (2) $x_1 = 1, x_2 = 1, x_3 = 1, x_4 = 1$.

8. (1) $\lambda = 2$ 或 $\lambda = -1$; (2) $\lambda \neq 2$ 且 $\lambda \neq -1$.

习题 5

1. (1) $A_1A_2A_3$;(2) $\overline{A}_1 \cup \overline{A}_2 \cup \overline{A}_3$;(3) $\overline{A}_1A_2A_3 \cup A_1\overline{A}_2A_3 \cup A_1A_2\overline{A}_3$;
(4) $A_1A_2 \cup A_1A_3 \cup A_2A_3$.

2. (1) 0.083 3;(2) 0.05.

3. (1) $p_1 = 0.8^5 \approx 0.327\ 7$;(2) $p_2 = 1 - 0.2^5 \approx 0.999\ 7$;(3) $p_3 = 0.8^5 + C_5^4 \times 0.8^4 \times 0.2 \approx 0.737\ 3$.

4. 设中奖的彩票数为 X,则 $X \sim B(2\ 000, 0.001)$.
(1) $P(X \geqslant 1) = 1 - P(X=0) = 1 - (0.999)^{2\ 000} \approx 0.864\ 8$;
(2) $P(X \geqslant 3) = 1 - P(X=0) - P(X=1) - P(X=2) \approx 0.323\ 3$.

5. 设一周内发生交通事故的次数为 X,则 $X \sim P(0.3)$.
(1) $P(X=2) = \dfrac{0.3^2}{2!}e^{-0.3} \approx 0.033\ 3$;
(2) $P(X \geqslant 1) = 1 - P(X=0) = 1 - e^{-0.3} = 0.259$.

6. (1) $P(0 < X < 45) = \Phi(10) - \Phi(1) = 1 - 0.841\ 3 = 0.158\ 7$;
(2) 设 5 只鸡蛋中质量不足 45 g 的个数为 Y,则 $Y \sim B(5, 0.158\ 7)$,
$P(Y \geqslant 2) = 1 - P(Y=0) - P(Y=1) = 0.181$.

7. (1) $P(X < 105) = P\left(\dfrac{X-110}{12} < \dfrac{105-110}{12}\right) = \Phi\left(-\dfrac{5}{12}\right) = 0.337$;
(2) 由 $P(X > x) \leqslant 0.05$,即 $P(X \leqslant x) = \Phi\left(\dfrac{x-110}{12}\right) \geqslant 0.95$,查表得 $\Phi(1.96) = 0.95$,
所以 $\dfrac{x-110}{12} = 1.96, x = 133.52$.

8. $E(X) = 9, E(Y) = 9, D(X) = 0.8, D(Y) = 0.2$,因为 $D(Y) < D(X)$,所以派遣乙比较合理.

习题 6

1. 均值 $\bar{x} = 4\ 535$,中位数 $M_d = 4\ 540$,方差 $s^2 = 784\ 439.7$,标准差 $s = 885.7$.

2.

名称	平均	方差	标准差	变异系数
品种 1	107.2	86.84	9.319	0.087
品种 2	78	31.33	5.598	0.072
品种 3	81.4	28.93	5.379	0.066

品种 1 维生素 C 平均含量最高,品种 3 变异程度最小.

3. (1) 检验假设 $H_0: \mu = 1$;$H_1: \mu \neq 1$.
$$t = \dfrac{\bar{x} - \mu_0}{s/\sqrt{n}} = \dfrac{0.998 - 1}{0.032/\sqrt{9}} = -0.187\ 5,\ t_{\alpha/2}(n-1) = t_{0.025}(8) = 2.306.$$
由于 $|t| = 0.187\ 5 < 2.306$,故接受原假设 H_0.
(2) 因问题要求 $\sigma^2 \leqslant 0.02^2$,故进行单侧检验.
假设 $H_0: \sigma^2 \leqslant 0.02^2$;$H_1: \sigma^2 > 0.02^2$.

$$\chi_0^2 = \frac{(n-1)s^2}{\sigma_0^2} = 20.48 > \chi_{0.05}^2(8) = 15.507.$$

故应拒绝 H_0，接受 H_1，即认为包装质量的标准差显著变大.

(3) 由(1)(2)的检验结果，尽管包装质量的平均值与规定质量没有显著差异，但是包装质量的标准差显著变大，也就是说产品质量的波动性变大，质量不稳定，需要检查生产线，以保证产品质量的稳定性.

4. 由于 $\sigma_A = \sigma_B = \sigma$，A，B 两市学生身高总体方差具有齐性.

均值差检验如下：
$$H_0: \mu_A = \mu_B; H_1: \mu_A \neq \mu_B.$$

$$t = \frac{\bar{x}-\bar{y}}{s_w\sqrt{\frac{1}{n_1}+\frac{1}{n_2}}} = \frac{175.9-172}{3.174\ 5 \times \sqrt{\frac{1}{5}+\frac{1}{6}}} \approx 2.028\ 8.$$

查表得 $t_{0.025}(9) = 2.262, |t| = 2.028\ 8 < t_{0.025}(9) = 2.262$.

故接受 H_0，暂不能认为两市学生身高有显著差异.

5. (1) [2.121, 2.129]；(2) [2.118, 2.133].

6. (1) [7.736, 9.664]；(2) [1.621, 6.153].

7. (1) $\hat{y} = 67.52 + 0.87t$；

(2) $F = 3\ 220.52, F_{0.01}(1,7) = 12.25$，故回归方程极其显著；

(3) y 在 $t = 25\ ℃$ 时的置信度为 0.95 的预测区间为 (86.79, 91.85).

8. (1) $\hat{y} = 34.775\ 2 + 87.838\ 6x$；

(2) $F = 342.181\ 5 > F_{0.01}(1,90) = 6.85$，故线性回归方程极其显著；

(3) 当 $x = 0.09$ 时，y 的置信度为 0.95 的置信区间为 (37.567, 47.794)；

(4) x 的控制范围为 (0.094\ 92, 0.137\ 9).